电力电缆技能培训系列实用教材

电力电缆试验检测及运维检修

主　编　隆　茂
副主编　毛　源　刘　鹏
主　审　刘凤莲　李建平

黄河水利出版社
·郑州·

内容提要

本书作为电力电缆技能培训系列实用教材，依据《国家电网公司生产技能人员职业能力培训规范》，结合国家、电力行业及国家电网公司企业相关规程、规范和标准对电力电缆从业人员职业能力要求，按照生产现场标准化作业的规范进行编写。本书共分四章，主要包括电力电缆的交接试验、电力电缆的运维与检修、电力电缆的故障测寻及电力电缆新技术等内容，以解决生产现场问题为导向，重视标准化作业流程和安全规定，辅以大量真实生产现场图片，可以帮助读者更好地提升电力电缆从业水平。本书可与电力电缆技能培训系列实用教材《电力电缆基础知识及施工技术》配套使用。

本书内容丰富，图文并茂，主要适用于电力电缆运维检修及试验检测人员，用于指导中压、高压电力电缆试验检测、运维检修、故障测寻等工作。

图书在版编目(CIP)数据

电力电缆试验检测及运维检修/隆茂主编. —郑州：黄河水利出版社，2021. 11

电力电缆技能培训系列实用教材

ISBN 978-7-5509-3164-0

Ⅰ. ①电… Ⅱ. ①隆… Ⅲ. ①电力电缆-试验②电力电缆-检修 Ⅳ. ①TM247②TM757

中国版本图书馆 CIP 数据核字(2021)第 242041 号

组稿编辑：田丽萍 电话：0371-66025553 E-mail：912810592@ qq. com

出 版 社：黄河水利出版社 网址：www. yrcp. com

地址：河南省郑州市顺河路黄委会综合楼 14 层 邮政编码：450003

发行单位：黄河水利出版社

发行部电话：0371-66026940、66020550、66028024、66022620(传真)

E-mail：hhslcbs@ 126. com

承印单位：河南匠之心印刷有限公司

开本：787 mm×1 092 mm 1/16

印张：15. 75

字数：370 千字 印数：1—1 000

版次：2021 年 11 月第 1 版 印次：2021 年 11 月第 1 次印刷

定价：170. 00 元

前 言

本书依据《国家电网公司生产技能人员职业能力培训规范》，结合国家、电力行业及国家电网公司企业相关规程、规范和标准对电力电缆从业人员职业能力要求进行编写。按照生产现场标准化作业的相关规范，组织国网四川省电力公司从事电力电缆专业的培训师、一线生产经验丰富的技能专家，针对当前生产中常见问题，梳理相关知识和工作流程，最终形成本书。

本书以解决生产现场问题为导向，重视标准化作业流程和安全规定，辅以大量真实生产现场图片，主要适用于电力电缆运维检修及试验检测人员，用于指导中压、高压电力电缆试验检测、运维检修、故障测寻等工作，可帮助读者更好地提升电力电缆从业水平。

本书主要包括电力电缆的交接试验、电力电缆的运维与检修、电力电缆的故障测寻及电力电缆新技术四个部分的内容。第一章电力电缆的交接试验，主要介绍了中压电缆的交接试验及高压电缆的交接试验，依据交接试验的试验项目，分别详细阐述了各项目的要求、工作流程及注意事项等。第二章电力电缆的运维与检修，主要从电缆线路的验收、电缆线路的运行与维护、电缆线路的检修、电缆缺陷及故障分析以及电缆线路不停电作业五大方面进行介绍，涵盖了电缆线路运维检修的全过程，并针对一些常见操作项目详细阐述操作流程及注意事项。第三章电力电缆的故障测寻，主要包括概述、确定电缆的故障性质、故障距离粗测、电缆路径探测及电缆识别、电缆故障精确定点，其中概述介绍了电缆发生故障的常见原因及分类，而后按照电缆故障查找的顺序详细介绍了电缆故障查找的操作流程及注意事项。第四章电力电缆新技术，根据当前电缆发展情况，介绍了电力电缆发展形势、电力电缆绝缘在线监测技术、电力电缆故障在线测试及电力电缆其他新技术，帮助读者了解电力电缆专业前沿技术。本书可与电力电缆技能培训系列实用教材《电力电缆基础知识及施工技术》配套使用。

本书由国网四川省电力公司技能培训中心隆茂担任主编，并负责全书统稿；由国网四川省电力公司技能培训中心毛源及国网四川省电力公司设备部刘鹏担任副主编；由国网四川省电力公司电力科学研究院刘凤莲及国网宜宾供电公司李建平担任主审；国网四川省电力公司技能培训中心赵世林、李明志、杜印官、税月，国网四川省电力公司电力科学研究院李巍巍，国网泸州供电公司王勇，国网成都供电公司兰强，国网天府新区供电公司徐昱，国网内江供电公司孙志超参与本书编写。具体编写分工如下：赵世林编写第一章第一节，李明志编写第一章第二节，杜印官编写第二章第一节，徐昱编写第二章第二节，兰强编写第二章第三节“一、电缆的常规检修”及第四章第三节，孙志超编写第二章第三节“二、10 kV 电缆的缺陷处理”，毛源编写第二章第四节，税月编写第二章第五节，隆茂、刘鹏编写第三章，李巍巍编写第四章第一节和第四节，王勇编写第四章第二节。

本书的出版受到了国网四川省电力公司教育培训经费专项资助。

鉴于编者知识、技能水平的不足，书中尚有诸多不妥之处，恳请读者批评指正。

编　者

2021 年 9 月

目　录

第一章

电力电缆的交接试验

第一节　中压电缆的交接试验

电力电缆线路安装完成后，为了验证线路安装质量对电缆线路开展的各种试验，称为交接试验。目前对于中压电缆的交接试验项目，主要有电缆主绝缘及外护套绝缘电阻测量、主绝缘交流耐压试验、电缆两端的相位检查、金属屏蔽电阻与导体电阻比测量、局部放电检测、介质损耗检测等。其中，电缆主绝缘及外护套绝缘电阻测量、主绝缘交流耐压试验、电缆两端的相位检查、金属屏蔽电阻与导体电阻比测量试验项目必须开展，在具备条件的情况下，应当开展局部放电检测和介质损耗检测。

一、电缆主绝缘及外护套绝缘电阻测量

（一）引用的规程规范

（1）《额定电压 1 kV（U_m=1.2 kV）到 35 kV（U_m=40.5 kV）挤包绝缘电力电缆及附件》（GB/T 12706）。

（2）《电气装置安装工程 电缆线路施工及验收标准》（GB 50168—2018）。

（3）《电力安全工作规程 电力线路部分》（GB 26859—2011）。

（4）《6 kV~35 kV 电缆振荡波局部放电测试方法》（DL/T 1576—2016）。

（5）《接地装置特性参数测量导则》（DL/T 475—2017）。

（6）《高压电缆线路试验规程》（Q/GDW 11316—2018）。

（7）《配电电缆线路试验规程》（Q/GDW 11838—2018）。

（8）《国家电网公司生产技能人员职业能力培训规范》（Q/GDW 232.41—2015）。

（二）天气及作业现场要求

（1）在工作中遇雷、雨、雪、5 级以上大风或其他任何情况威胁到作业人员的安全时，工作负责人或专职监护人可根据情况，临时停止工作。

（2）试验应保证足够的安全作业空间，满足相关试验操作及设备安全要求，主绝缘停电试验中每一相试验前后应对被试电缆进行充分放电。

（3）试验对象及环境的温度宜在-10~+40 ℃；空气相对湿度不宜大于 90%，不应在有雷、雨、雾、雪环境下作业；试验端子要保持清洁；避免电焊、气体放电灯等强电磁信号干扰。

（4）工作负责人交代当天工作任务、安全注意事项、作业方法等，做到人人明白分工、危险点及预控措施；未进行安全技术交底的，作业人员有权拒绝作业。

（5）在试验现场，应正确佩戴安全防护用具，设置警示围栏，避免无关人员进入现场；在工作处摆设警示筒，设置围栏。

（6）工作负责人接到电缆线路已停电的通知后，许可工作班成员开始验电、装设接地线，并设专人监护。验电须使用相应电压等级的合格的接触式验电器，对线路逐相按先近后远的原则验电。验电时须戴绝缘手套。装设接地线时，应先接接地端再接导线端，拆除

接地线的顺序与之相反。

(7)试验时对待试验电缆进行人员清场,满足试验安全要求;试验时实行呼唱制度并保持通信畅通;被试设备、试验设备必须充分放电后,才可触摸。

(8)作业人员应精神状态良好,熟悉工作中保证安全的组织措施和技术措施;严禁酒后作业和作业中玩笑嬉闹。

(三)准备工作

1. 危险点及其预控措施

1)危险点——触电伤害

预控措施:在试验过程中,操作人员应时刻注意电缆试验端和电缆试验对端有无人员触电危险,必要时应立即断开试验电源并使用放电棒进行放电;在试验过程中如遇设备击穿的情况,应立即断开试验电源并使用放电棒进行放电。

2)危险点——精神和身体状况差

预控措施:工作人员要严格遵守作息及考核时间安排,休息时间严禁酗酒和赌博,应保证足够的休息和睡眠时间。

2. 工器具及材料选择

本试验所需要的工器具及材料如表 1-1 所示。

表 1-1 电缆主绝缘及外护套绝缘电阻测量所需工器具及材料

序号	名称	规格型号	单位	数量	备注
1	绝缘电阻表	手摇式,2 500 V,2 500 MΩ 数字式,额定电压 500~5 000 V	套	1	
2	万用表	数字式,F101	套	1	
3	温湿度计		个	1	
4	10 kV 专用接地线	电压等级 10 kV	组	1	
5	10 kV 试验接地线	电压等级 10 kV	组	1	
6	10 kV 专用放电棒	电压等级 10 kV	个	1	
7	声光验电器	电压等级 10 kV	个	2	
8	工频信号发生器	电压等级 10 kV	个	1	
9	对讲机	通话距离 5~10 km	个	2	
10	绝缘手套	电压等级 10 kV	双	2	
11	绝缘靴	电压等级 10 kV	双	2	
12	绝缘垫	电压等级 10 kV	张	2	
13	安全帽		顶	4	
14	工作负责人背心		件	1	
15	安全监护人袖套		双	1	
16	劳保手套		双	4	

续表 1-1

序号	名称	规格型号	单位	数量	备注
17	活络扳手		把	2	
18	钢丝钳		把	1	
19	锉刀		把	1	
20	文字记录板		张	1	
21	标识牌	“在此工作”“从此进出” “止步,高压危险”等	块	10	根据现场 情况准备

本试验所需要的工器具如图 1-1 所示。

图 1-1　工器具准备

3. 作业人员分工

本任务共需要操作人员 4 人(其中工作负责人 1 人、对端监护人员 1 人、试验操作人员 2 人),作业人员分工如表 1-2 所示。

表 1-2　电缆主绝缘及外护套绝缘电阻测量作业人员分工

序号	工作岗位	数量(人)	工作职责
1	工作负责人 (现场总指挥)	1	负责本次工作任务的人员分工、工作前的现场查勘、现场复勘,办理作业票相关手续、召开工作班前会、落实现场安全措施,负责作业过程中的安全监督、工作中突发情况的处理、工作质量的监督、工作后的总结等
2	对端监护人员	1	对电缆试验对端进行安全检查和监护
3	试验操作人员	2	负责试验过程中现场布置、试验接线、试验设备操作、数据记录等工作

（四）工作流程及操作示意图

1. 工作流程

本任务工作流程如表1-3所示。

表1-3 电缆主绝缘及外护套绝缘电阻测量工作流程

序号	作业内容	作业标准	安全注意事项	责任人
1	着装	1. 穿工作服。 2. 戴安全帽和劳保手套，穿绝缘靴。 3. 穿戴整洁、规范，正确无误	现场作业人员正确戴安全帽，穿工作服、绝缘靴，戴劳保手套	
2	工作准备	1. 选择操作所需工器具及材料。 2. 摆放整齐	逐一清点工器具、材料的数量及型号	
3	表计检查	1. 绝缘电阻表开路试验达∞。 2. 绝缘电阻表短路试验为零。 3. 万用表机械调零	1. 绝缘电阻表做开路试验和短路试验时，应戴好绝缘手套。 2. 绝缘电阻表未做开路试验和短路试验前不能进行操作。 3. 万用表在使用前应当机械调零	
4	接地线安装	1. 确认被测线路双重名称。 2. 正确选择接地点，接地应牢靠。 3. 用锉刀、砂布等工具将接地点打磨清洁，去除污迹。 4. 对被测线路进行验电，并挂设10 kV专用接地线	1. 接地点应选择在合理位置，保证接地牢靠。 2. 接电线的接地端子应与接地体有良好的电气连接	
5	可靠接地	1. 将三相电缆芯线、屏蔽层、铠装层接地。 2. 将绝缘电阻表的“E”端、放电棒、试验接地线可靠接地	注意芯线接地可换作专用试验接地线接地	
6	电缆支撑、清洁	1. 取下电缆测试相电缆芯线的接地线。 2. 按试验标准保证电缆两端的芯线悬空，支撑电缆达到试验要求，擦去电缆终端绝缘上面的污迹	1. 保证测试端与周围设备的安全距离。 2. 工作负责人注意通知对端进行同样的操作	

续表 1-3

序号	作业内容	作业标准	安全注意事项	责任人
7	电缆主绝缘电阻测试	1. 根据试验电缆电压等级选择绝缘电阻表(35 kV 电缆选择 5 000 V 绝缘电阻表,10 kV 电缆选择 2 500 V 绝缘电阻表)。 2. 测试人员站在绝缘垫上,(若使用手摇式绝缘电阻表)将绝缘电阻表转速摇至 120 r/min;(若使用数字式绝缘电阻表)将试验挡位调至 2 500 V,打开测试电源。 3. 另一名测试人员戴绝缘手套将测试线接入 A 相芯线,读取 15 s 和 60 s 时的绝缘电阻值。 4. 若测得电阻基本为零,停用绝缘电阻表测试。具体操作为:先断开被试电缆,然后停止摇动绝缘电阻表。 5. 对试品相放电并接地。 6. 改用万用表复测具体的绝缘电阻值。 7. 对试品相放电并接地。 8. B、C 两相重复上述操作	1. 测试人员接触测试设备高压端时应全程佩戴绝缘手套并站在绝缘垫上。 2. 测试人员接触与拆除高压线时应听从现场工作负责人指挥。 3. 工作负责人在开始加压测试之前,应再次确认试验对端电缆已悬空,并且处于监护状态。 4. 使用放电棒放电时,应先采用阻尼放电,再采用直接放电	
8	解除电缆屏蔽层	1. 将电缆两端的屏蔽层解除并保持悬空。 2. 将电缆缆芯和电缆外护套外表面接地(直埋电缆外护套不用接地处理)	若电缆具有铠装层和屏蔽层两条引出线,对铠装层进行加压测试,屏蔽层悬空	
9	电缆外护套绝缘电阻测量	1. 选择 1 000 V 绝缘电阻表。 2. 测试人员站在绝缘垫上,(若使用手摇式绝缘电阻表)将绝缘电阻表转速摇至 120 r/min;(若使用数字式绝缘电阻表)将试验挡位调至 1 000 V,打开测试电源。 3. 另一名测试人员戴绝缘手套将测试线接入屏蔽层,等待示数稳定后读取绝缘电阻值。 4. 若测得电阻基本为零,停用绝缘电阻表测试。具体操作为:先断开被试电缆,然后停止摇动绝缘电阻表。 5. 对试品相放电并接地。 6. 改用万用表复测具体的绝缘电阻值。 7. 对试品相放电并接地。 8. 恢复屏蔽层接地	1. 测试人员接触测试设备高压端时应全程佩戴绝缘手套并站在绝缘垫上。 2. 测试人员接触与拆除高压线时应听从现场工作负责人指挥。 3. 工作负责人在开始加压测试之前,应再次确认试验对端电缆已悬空,并且处于监护状态。 4. 使用放电棒放电时,应先采用阻尼放电,再采用直接放电	

续表 1-3

序号	作业内容	作业标准	安全注意事项	责任人
10	填写记录	填写试验结果	1. 记录电缆主绝缘的吸收比值和绝缘电阻值。 2. 记录外护套的绝缘电阻值	
11	工具和现场清理	1. 清理工具。 2. 清理现场	清理测试遗留杂物,拆除接地线,收拾测试设备	

2. 操作示意图

电缆主绝缘及外护套绝缘电阻测量操作示意图如图 1-2~图 1-10 所示。

(1)图 1-2 所示是验电操作。

图 1-2　对电缆进行验电

(2)对电缆两端挂设接地线,如图 1-3 所示。

图 1-3　对电缆两端挂设接地线

(3)召开班前会,如图 1-4 所示。

(4)在工作地点铺设绝缘垫(见图 1-5),电缆两端悬空并挂设试验接地线。

(5)确认远端测试相悬空(见图 1-6),并设专人监护。

图 1-4　召开班前会

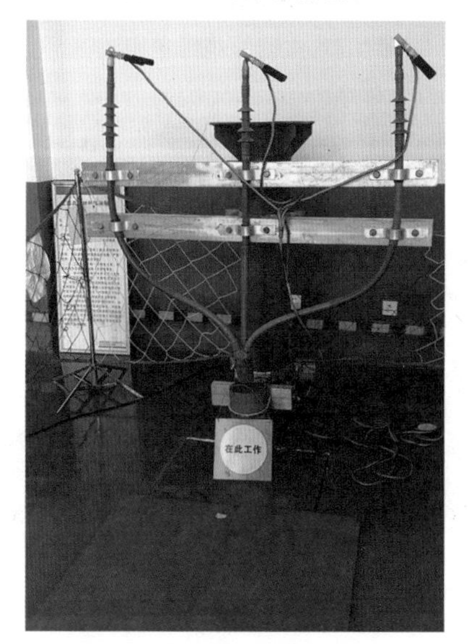

图 1-5　铺设绝缘垫

图 1-6　将电缆另一端三相悬空

(6)主绝缘绝缘电阻测试,如图 1-7 所示。

图 1-7 主绝缘绝缘电阻测试

(7)对电缆进行放电,如图 1-8 所示。

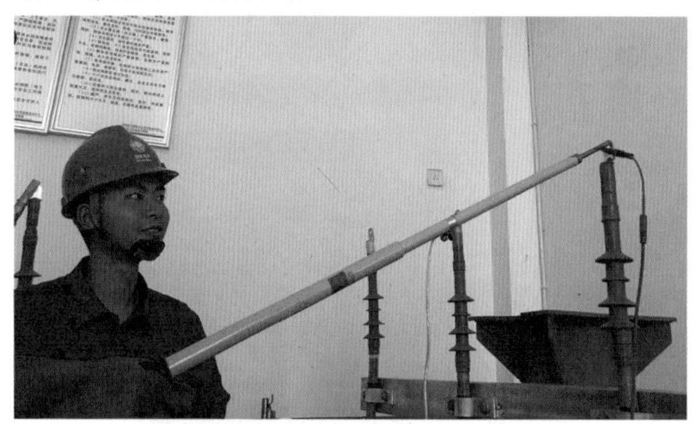

图 1-8 对电缆进行放电

(8)拆除电缆两端的钢铠和铜屏蔽层接地引出线,如图 1-9 所示。

图 1-9 拆除电缆两端的钢铠和铜屏蔽层接地引出线

(9)外护套绝缘电阻测试,如图 1-10 所示。

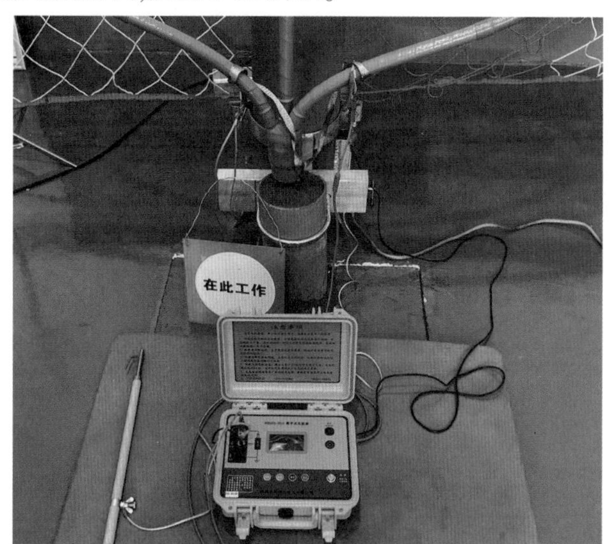

图 1-10　外护套绝缘电阻测试

(五)相关知识

(1)主绝缘应采用 2 500 V 及以上的兆欧表,外护套宜用 1 000 V 的兆欧表。耐压试验前后,绝缘电阻应无明显变化。外护套绝缘电阻应不低于 0.5 MΩ · km。

(2)使用兆欧表测量电缆前,首先需要对被试电缆进行放电,具体操作是将接地线牢固接地,然后将电缆各相分别放电并接地,并派人到另一端看守或装好安全遮栏,防止有人接触被试电缆。此外,还需要对选择的兆欧表进行仪表检查。

(3)兆欧表的三个接线端子分别是接地端子(E)、屏蔽端子(G)和线路端子(L)。

(4)兆欧表的仪表检查包括短路试验和开路试验,方法是:先将兆欧表的接线端子开路,按兆欧表的额定转速(120 r/min)摇动手柄,观察表计指针,应指"∞";然后将线路端子和接地端子短接,指针应指"0"。

(5)吸收比指的是同一次试验中 60 s 时的绝缘电阻值与 15 s 时的绝缘电阻值之比。

(6)测试吸收比时须以恒定额定转速(120 r/min)摇动兆欧表,达到额定转速后,再搭接到被测线芯导体上,分别读取 15 s 和 60 s 时的绝缘电阻值,然后计算吸收比。

二、主绝缘交流耐压试验

(一)引用的规程规范

(1)《额定电压 1 kV(U_m=1.2 kV)到 35 kV(U_m=40.5 kV)挤包绝缘电力电缆及附件》(GB/T 12706)。

(2)《电气装置安装工程 电缆线路施工及验收标准》(GB 50168—2018)。

(3)《电力安全工作规程 电力线路部分》(GB 26859—2011)。

(4)《6 kV~35 kV 电缆振荡波局部放电测试方法》(DL/T 1576—2016)。

(5)《接地装置特性参数测量导则》(DL/T 475—2017)。

(6)《高压电缆线路试验规程》(Q/GDW 11316—2018)。

(7)《配电电缆线路试验规程》(Q/GDW 11838—2018)。

(8)《国家电网公司生产技能人员职业能力培训规范》(Q/GDW 232.41—2015)。

(二)天气及作业现场要求

(1)在工作中遇雷、雨、雪、5级以上大风或其他任何情况威胁到作业人员的安全时,工作负责人或专职监护人可根据情况,临时停止工作。

(2)试验应保证足够的安全作业空间,满足相关试验操作及设备安全要求,主绝缘停电试验中每一相试验前后应对被试电缆进行充分放电。

(3)试验对象及环境的温度宜在-10~+40 ℃;空气相对湿度不宜大于90%,不应在有雷、雨、雾、雪环境下作业;试验端子要保持清洁;避免电焊、气体放电灯等强电磁信号干扰。

(4)工作负责人交代当天工作任务、安全注意事项、作业方法等,做到人人明白分工、危险点及预控措施;未进行安全技术交底的,作业人员有权拒绝作业。

(5)在试验现场,应正确佩戴安全防护用具,设置警示围栏,避免无关人员进入现场;在工作处摆设警示筒,设置围栏。

(6)工作负责人接到电缆线路已停电的通知后,许可工作班成员开始验电、装设接地线,并设专人监护。验电须使用相应电压等级的合格的接触式验电器,对线路逐相按先近后远的原则验电。验电时须戴绝缘手套。装设接地线时,应先接接地端再接导线端,拆除接地线的顺序与之相反。

(7)试验时对待试验电缆进行人员清场,满足试验安全要求;试验时实行呼唱制度并保持通信畅通;被试设备、试验设备必须充分放电后,才可触摸。

(8)作业人员应精神状态良好,熟悉工作中保证安全的组织措施和技术措施;严禁酒后作业和作业中玩笑嬉闹。

(三)准备工作

1. 危险点及其预控措施

1)危险点——触电伤害

预控措施:在试验过程中,操作人员应时刻注意电缆试验端和电缆试验对端有无人员触电危险,必要时应立即断开试验电源并使用放电棒进行放电;在试验过程中如遇设备击穿的情况,应立即断开试验电源并使用放电棒进行放电。

2)危险点——精神和身体状况差

预控措施:工作人员要严格遵守作息及考核时间安排,休息时间严禁酗酒和赌博,应保证足够的休息和睡眠时间。

3)危险点——高处坠落

预控措施:工作人员在攀爬试验设备过程中注意不要跌倒滑落,攀爬高度超过2 m时需要佩戴安全带,并将安全带系在固定构件上。

2. 工器具及材料选择

本试验所需要的工器具及材料如表1-4所示。

表 1-4　主绝缘交流耐压试验所需工器具及材料

序号	名称	规格型号	单位	数量	备注
1	绝缘电阻表	手摇式,2 500 V,2 500 MΩ 数字式,额定电压 500~5 000 V	套	1	
2	谐振变压器	CHXB-150 kVA/22 kV	套	1	
3	万用表	数字式	个	1	
4	温湿度计		个	1	
5	10 kV 专用接地线	电压等级 10 kV	组	1	
6	10 kV 试验接地线	电压等级 10 kV	组	1	
7	10 kV 专用放电棒	电压等级 10 kV	个	1	
8	声光验电器	电压等级 10 kV	个	2	
9	工频信号发生器	电压等级 10 kV	个	1	
10	对讲机	通话距离 5~10 km	个	2	
11	绝缘手套	电压等级 10 kV	双	2	
12	绝缘靴	电压等级 10 kV	双	2	
13	绝缘垫	电压等级 10 kV	张	2	
14	安全帽		顶	4	
15	工作负责人背心		件	1	
16	安全监护人袖套		个	1	
17	劳保手套		双	4	
18	活络扳手		把	2	
19	锉刀		把	1	
20	文字记录板		张	1	
21	标识牌	“在此工作”“从此进出” “止步,高压危险”等	块	10	根据现场情况准备

本试验所需要的工器具如图 1-1 所示,其中一套 22 kV 谐振变压器如图 1-11 所示。

3. 作业人员分工

本任务共需要操作人员 4 人(其中工作负责人 1 人、对端监护人员 1 人、试验操作人员 2 人),作业人员分工如表 1-5 所示。

(a)变频电源

(b)励磁变压器

(c)电抗器

(d)分压器

图 1-11　谐振变压器组成部分

表 1-5　主绝缘交流耐压试验作业人员分工

序号	工作岗位	数量(人)	工作职责
1	工作负责人 (现场总指挥)	1	负责本次工作任务的人员分工、工作前的现场查勘、现场复勘,办理作业票相关手续、召开工作班前会、落实现场安全措施,负责作业过程中的安全监督、工作中突发情况的处理、工作质量的监督、工作后的总结等
2	对端监护人员	1	负责对电缆试验对端进行安全检查和监护
3	试验操作人员	2	负责试验过程中现场布置、试验接线、试验设备操作、数据记录等工作

(四)工作流程及操作示意图

1. 工作流程

本任务工作流程如表 1-6 所示。

表 1-6　主绝缘交流耐压试验工作流程

序号	作业内容	作业标准	安全注意事项	责任人
1	方案制订	1. 了解被试电缆长度、截面面积,查阅该规格电缆单位长度电容值,并计算总电容值。 2. 估算谐振频率。按谐振在较低频率时试验电流小的原则,估算谐振频率。 3. 配置电抗器,依据电缆的总电容量和谐振频率,估算总电感量,合理配置电抗器。 4. 估算试验电流值,判断电抗器能否承受试验电流	根据被测试样的情况推算设备是否能满足试验条件,以及需要携带到现场的电感量	
2	着装	1. 穿工作服。 2. 戴安全帽和劳保手套,穿绝缘靴。 3. 穿戴整洁、规范,正确无误	现场作业人员正确戴安全帽,穿工作服、绝缘靴,戴劳保手套	

续表 1-6

序号	作业内容	作业标准	安全注意事项	责任人
3	工作准备	1. 选择操作所需工器具及材料。 2. 摆放整齐。 3. 准备场地，悬挂标识牌	1. 逐一清点检查工器具、材料的数量及型号。 2. 做好试验电缆两端的安全隔离	
4	表计检查	1. 绝缘电阻表开路试验达∞。 2. 绝缘电阻表短路试验为零。 3. 万用表工作正常。 4. 谐振变压器外观检查	1. 绝缘电阻表做开路试验和短路试验时，应戴好绝缘手套。 2. 绝缘电阻表未做开路试验和短路试验前不能进行操作。 3. 万用表在使用前应当电量充足。 4. 谐振变压器各部件零件应无松散，连接线应导通	
5	现场试验计算	1. 使用万用表测量电缆总电容值。 2. 核对试验电压。 3. 根据现场电缆参数再次计算谐振频率、试验电感值和试验电流。 4. 根据计算结果对谐振设备参数进行微调	1. 将理论结果和测试结果进行对比，两者差异不大的情况下以实测值为准。 2. 依据电缆规格，按试验规程要求设置试验电压。 3. 试验要计算出谐振频率、电感值、试验电流的准确数值，判断设备参数是否能满足试验要求	
6	接地线安装	1. 确认被测线路双重名称。 2. 正确选择接地点，接地应牢靠。 3. 用锉刀、砂布等工具将接地点打磨清洁，去除污迹。 4. 对被测线路进行验电，并挂设 10 kV 专用接地线，并将放电棒可靠接地	1. 接地点应选择在合理位置，保证接地牢靠。 2. 接电线的接地端子应与接地体有良好的电气连接	
7	电缆主绝缘电阻测试	1. 按照“一、电缆主绝缘及外护套绝缘电阻测量”所述方法对被测电缆三相的绝缘电阻进行测试，并完成放电。 2. 记录绝缘电阻测试结果	记录电缆的绝缘电阻值和吸收比数值	

续表 1-6

序号	作业内容	作业标准	安全注意事项	责任人
8	试验接线	1. 检查电源的电压等级是否与设备匹配。 2. 连接设备接地线，打磨接地端子并接地牢靠。 3. 连接各设备之间的连线，接线应正确、牢固。 4. 连接高压引线，高压引线对地应保持足够的安全距离，非测试相保持接地	1. 设备接地线必须直接与现场接地扁铁连接，不能接在其他接地线上。 2. 接线完成后应由两个人分别确认接线的正确性	
9	试验操作	1. 工作负责人确认设备接线正确，确认被测电缆两端安全措施已到位。 2. 得到工作负责人许可，复诵后方可合闸。 3. 升压。选择"自动"模式，点击"启动"，设备自动进行调谐、升压、计时、降压。或选择"手动"模式，点击"调谐"，则自动调谐，调谐完成后点击电压"加、减"手动升压。 4. 试验完毕，确认设备已降压，切断电源，戴绝缘手套用放电棒放电，并挂试验接地线。 5. 工作完成后拆除接地线，将设备摆放整齐	1. 加压前应反复确认被测电缆两端的安全情况。 2. 设备操作人员应进行"唱票"，实时对输出电压进行诵读。 3. 设备操作人员在加压过程中左手应保持在"即停"按钮上方，一旦发现电缆击穿或其他意外情况立即按下"即停"按钮。 4. 使用放电棒放电时，应先采用阻尼放电，再采用直接放电	
10	电缆主绝缘电阻复测	1. 按照"一、电缆主绝缘及外护套绝缘电阻测量"所述方法对被测电缆三相的绝缘电阻进行测试，并完成放电。 2. 记录绝缘电阻测试结果	比较交流耐压前后电缆绝缘电阻值和吸收比的差异	
11	填写记录	填写试验结果	1. 试验过程中如电缆发生击穿，则耐压试验不合格。 2. 如试验前后电缆绝缘电阻值和吸收比差异过大，则耐压试验不合格	
12	工具和现场清理	1. 清理工具。 2. 清理现场	清理测试遗留杂物，收拾测试设备	

2. 操作示意图

主绝缘交流耐压试验操作示意图如图 1-12～图 1-15 所示。

(1)电缆末端悬空，并对远端进行专人监护，如图 1-12 所示。

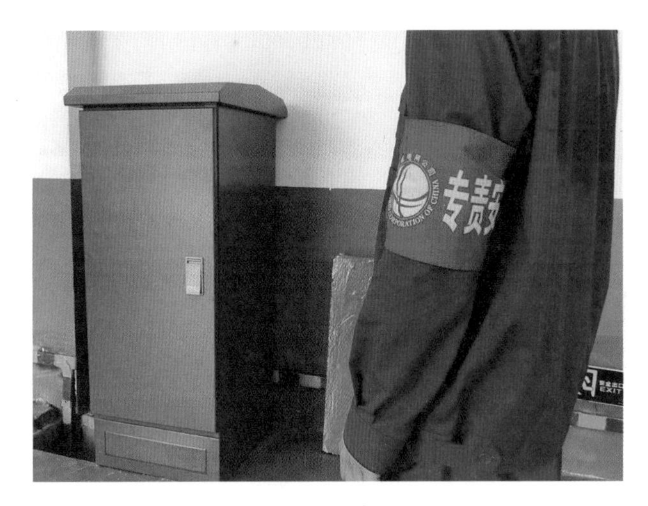

图 1-12　远端专人监护

（2）工作负责人确认对端安全监护情况，如图 1-13 所示。

图 1-13　工作负责人确认对端安全监护情况

（3）谐振变压器现场接线情况如图 1-14 所示。

图 1-14　谐振变压器现场接线情况

(4)先通过电阻进行放电,再直接进行放电,如图1-15所示。

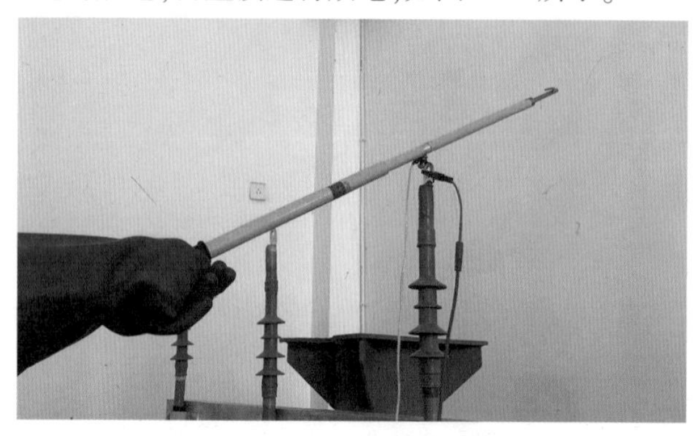

图1-15 对电缆进行放电

(五)相关知识

(1)对电缆的主绝缘做耐压试验时,应分别在每一相导体上进行,其他两相导体、电缆两端的金属屏蔽层或金属护套和铠装层接地。试验结束时应对电缆进行充分放电。对金属屏蔽层或金属套一端接地,另一端装有护层过电压保护器的单芯电缆主绝缘做耐压试验时,必须将护层过电压保护器短接,使这一端的电缆金属屏蔽层或金属套临时接地。对于交叉互联接地的电缆线路,应将交叉互联箱做分相短接处理,并将护层过电压保护器短接。

(2)对于电缆而言,其电容量相对其他类型设备较大,在进行耐压试验时,要求试验电压高、试验设备容量大,现场往往难以解决。为了克服这种困难,采用串联电抗器谐振的方法进行耐压试验,通过调节试验回路的频率 ω,使得 $\omega L=1/\omega C$,此时回路形成谐振,这时的频率为谐振频率。设谐振回路品质因数为 Q,被试电缆上的电压为励磁电压的 Q 倍,这时通过增加励磁电压就能升高谐振电压,从而达到试验目的。

(3)主绝缘交流耐压试验可采用频率范围为20~300 Hz的交流电压对电缆线路进行耐压试验,不具备条件时可采用频率为0.1 Hz超低频交流电压对电缆线路进行耐压试验。试验所需施加的电压和时间如表1-7所示。

表1-7 主绝缘交流耐压试验要求

电压形式	额定电压 U_0/U_k(单位:kV)			
	18/35 kV以下		21/35 kV和26/35 kV	
	新投运线路或投运不超过3年的非新投运线路	非新投运线路	新投运线路或投运不超过3年的非新投运线路	非新投运线路
	试验电压(时间)			
20~300 Hz交流电压	$2.5U_0$(5 min)或$2.0U_0$(60 min)	$2.0U_0$(5 min)或$1.6U_0$(60 min)	$2.0U_0$(60 min)	$1.6U_0$(60 min)
超低频电压	$3U_0$(5 min)或$2.5U_0$(60 min)		$2.5U_0$(5 min)或$2.0U_0$(60 min)	

三、电缆两端的相位检查

(一)引用的规程规范

(1)《高压电缆线路试验规程》(Q/GDW 11316—2018)。

(2)《电力安全工作规程 电力线路部分》(GB 26859—2011)。

(3)《国家电网公司技能人员岗位能力培训规范 第19部分:配电电缆运检》(Q/GDW 11372.19—2015)。

(二)天气及作业现场要求

(1)在工作中遇雷、雨、雪、5级以上大风或其他任何情况威胁到作业人员的安全时,工作负责人或专职监护人可根据情况,临时停止工作。

(2)试验应保证足够的安全作业空间,满足相关试验操作及设备安全要求,主绝缘停电试验中每一相试验前后应对被试电缆进行充分放电。

(3)试验对象及环境的温度宜在-10~+40 ℃;空气相对湿度不宜大于90%,不应在有雷、雨、雾、雪环境下作业;试验端子要保持清洁;避免电焊、气体放电灯等强电磁信号干扰。

(4)工作负责人交代当天工作任务、安全注意事项、作业方法等,做到人人明白分工、危险点及预控措施;未进行安全技术交底的,作业人员有权拒绝作业。

(5)在试验现场,应正确佩戴安全防护用具,设置警示围栏,避免无关人员进入现场;在工作处摆设警示筒,设置围栏。

(6)工作负责人接到电缆线路已停电的通知后,许可工作班成员开始验电、装设接地线,并设专人监护。验电须使用相应电压等级的合格的接触式验电器,对线路逐相按先近后远的原则验电,验电时须戴绝缘手套。装设接地线时,应先接接地端再接导线端,拆除接地线的顺序与之相反。

(7)试验时对待试验电缆进行人员清场,满足试验安全要求;试验时实行呼唱制度并保持通信畅通;被试设备、试验设备必须充分放电后,才可触摸。

(8)作业人员应精神状态良好,熟悉工作中保证安全的组织措施和技术措施;严禁酒后作业和作业中玩笑嬉闹。

(三)准备工作

1. 危险点及其预控措施

1)危险点——触电伤害

预控措施:在试验过程中,操作人员应时刻注意电缆试验端和电缆试验对端有无人员触电危险,必要时应立即断开试验电源并使用放电棒进行放电;在试验过程中如遇设备击穿的情况,应立即断开试验电源并使用放电棒进行放电。

2)危险点——精神和身体状况差

预控措施:工作人员要严格遵守作息及考核时间安排,休息时间严禁酗酒和赌博,应保证足够的休息和睡眠时间。

2. 工器具及材料选择

本试验所需要的工器具及材料如表1-8所示。

表 1-8　电缆两端的相位检查所需工器具及材料

序号	名称	规格型号	单位	数量	备注
1	便携式接地杆	电压等级 110 kV	套	1	
2	绝缘手套	电压等级 10 kV	双	3	
3	绝缘靴	电压等级 10 kV	双	3	
4	绝缘垫	电压等级 10 kV	张	2	
5	放电棒	电压等级 110 kV	根	2	
6	试验接地线		套	2	
7	高压验电器	电压等级 110 kV	个	2	
8	工频高压信号发生器	电压等级 110 kV	套	1	
9	扳手		把	4	
10	钢丝钳		把	2	
11	平锉		把	2	
12	棉线手套		双	3	
13	安全帽		顶	4	
14	对讲机		个	2	
15	工作负责人制服(袖套)		套	1	
16	安全监护人制服(袖套)		套	1	
17	防潮垫布		张	2	
18	安全围栏		套	2	
19	标识牌	止步,高压危险	块	8	
20	标识牌	在此工作	块	2	
21	标识牌	从此进出	块	2	
22	标识牌	有人工作,禁止合闸	块	2	
23	温湿度计		个	1	
24	绝缘电阻表		套	1	

3. 作业人员分工

本任务至少需要操作人员 5 人(其中工作负责人 1 人、安全监护人员 1 人、操作人员 3 人),作业人员分工如表 1-9 所示。

表 1-9　电缆两端的相位检查作业人员分工

序号	工作岗位	数量(人)	工作职责
1	工作负责人 (现场总指挥)	1	负责本次工作任务的人员分工、工作前的现场查勘、现场复勘,办理作业票相关手续、召开工作班前会、落实现场安全措施,负责作业过程中的安全监督、工作中突发情况的处理、工作质量的监督、工作后的总结等
2	安全监护人员(安全员)	1	负责各危险点的安全检查和监护
3	试验操作人员	2	负责电缆试验操作
4	对端操作人员	1	负责电缆试验对端操作及监护

(四)工作流程

本任务工作流程如表 1-10 所示。

表 1-10　电缆两端的相位检查工作流程

序号	作业内容	作业标准	安全注意事项	责任人
1	前期准备工作	1. 接受任务,进行现场勘察。 2. 布置工作现场,设置围栏及警示标识。 3. 工作负责人现场复勘。 4. 获取工作许可	1. 现场作业人员正确戴安全帽,穿工作服、绝缘靴,戴绝缘手套。 2. 现场调查至少由 2 人进行。 3. 工作票应编写规范。 4. 注意检查危险点及预控措施	
2	电缆转检修状态	运维人员将待试验段电缆转入检修状态		
3	召开班前会	1. 全体工作班人员列队。 2. 工作负责人宣读工作票,检查工作班组成员精神状态和工作着装,交代工作任务,进行人员分工,交代工作中的危险点、预控措施和技术措施。 3. 作业人员明确各自工作任务和安全措施后,在工作票上签字确认		
4	工器具的检查	工作班成员对进入检修试验现场的设备设施、工器具、材料进行清点、检验或现场试验,确保设备设施、工器具、材料正确、完好并符合相关要求	逐一清点设备设施、工器具、材料的数量及型号,检查合格证,必要时进行检验或现场试验	

续表 1-10

序号	作业内容	作业标准	安全注意事项	责任人
5	穿戴、铺设个人防护用具	1. 操作人员或试验人员需戴绝缘手套,穿绝缘靴。 2. 试验位置铺设绝缘垫	绝缘手套、绝缘靴、绝缘垫为辅助绝缘用具,其耐压等级选择 10 kV	
6	试验前准备措施	1. 试验操作人员、对端操作人员对被试三相电缆分别进行验电。 2. 试验操作人员、对端操作人员验电确认被试三相电缆不带电后,使用接地杆使电缆连接架空线接地(柜内电缆应保持接地刀闸闭合)。 3. 试验操作人员、对端操作人员拆除被试电缆与其他线路的连接,并分开三相电缆使其互不接触且与周围设备保持安全距离。 4. 试验操作人员使用试验接地线将被试三相电缆短接接地。 5. 试验操作人员将放电棒接地	1. 验电前应进行验电器自检,并使用工频高压信号发生器对验电器进行检查。 2. 进行试验时,被试电缆两端连接架空线、电缆应始终保持接地。 3. 连接接地线前,应使用锉刀打磨接地端。 4. 接地杆、放电棒应先连接接地端,再进行线路接地或放电操作。 5. 所有操作均在作业人员戴绝缘手套、穿绝缘靴、站在绝缘垫上的前提下进行	
7	电缆两端的相位检查	1. 逐项对电缆两端进行相位检查。将绝缘电阻表摆放于平整绝缘平面,连接绝缘电阻表测试线至被试相电缆接线端子处,连接绝缘电阻表接地线至电缆接地线处。 2. 拆除三相电缆试验接地线。 3. 对端操作人员将三相电缆其中一相接地(以 A 相为例),其余两相继续保持悬空。 4. 操作绝缘电阻表产生电压,试验操作人员将绝缘电阻表测试线分别搭接三相电缆接线端子,测出绝缘电阻为零的电缆为 A 相电缆。 5. 试验操作人员使用放电棒对三相电缆放电。 6. 更换另一相电缆接地,按上述步骤继续试验直至确定三相电缆相位	1. 相位检查时,绝缘电阻表产生的电压不宜过高。 2. 电缆线路两端的相位应一致,并与电网相位相符合。 3. 所有操作均在作业人员戴绝缘手套、穿绝缘靴,站在绝缘垫上的前提下进行	
8	结束工作	1. 拆除试验配套设备设施。 2. 恢复被试电缆与其他线路的连接。 3. 收拾、整理现场设备设施、工器具、耗材,清理遗留物。 4. 运维人员进行合闸操作,恢复供电。 5. 召开班后会,分析不足、总结经验		

(五)相关知识

(1)绝缘电阻表的三个接线端子分别是接地端子(E)、屏蔽端子(G)和线路端子(L),三个接线端子分别连接接地线、屏蔽线和测试线。

(2)绝缘电阻表的检查包括短路试验和开路试验,方法是:首先将绝缘电阻表的接线端子开路,按规定启动绝缘电阻表,观察绝缘电阻表示数应为无穷大;然后将线路和接地端子短接,按规定启动绝缘电阻表,观察绝缘电阻表示数应为零。

(3)绝缘电阻表分为手摇绝缘电阻表和数字绝缘电阻表。测试绝缘电阻时,应转动手摇绝缘电阻表摇柄待转速达到 120 r/min 并保持稳定后开始测试;而数字绝缘电阻表点击“测试”,待电压稳定后开始测试。

四、金属屏蔽电阻与导体电阻比测量

(一)引用的规程规范

(1)《额定电压 1 kV(U_m=1.2 kV)到 35 kV(U_m=40.5 kV)挤包绝缘电力电缆及附件》(GB/T 12706)。

(2)《电气装置安装工程 电缆线路施工及验收标准》(GB 50168—2018)。

(3)《电力安全工作规程 电力线路部分》(GB 26859—2011)。

(4)《6 kV~35 kV 电缆振荡波局部放电测试方法》(DL/T 1576—2016)。

(5)《接地装置特性参数测量导则》(DL/T 475—2017)。

(6)《高压电缆线路试验规程》(Q/GDW 11316—2018)。

(7)《配电电缆线路试验规程》(Q/GDW 11838—2018)。

(8)《国家电网公司生产技能人员职业能力培训规范》(Q/GDW 232.41—2015)。

(二)天气及作业现场要求

(1)在工作中遇雷、雨、雪、5 级以上大风或其他任何情况威胁到作业人员的安全时,工作负责人或专职监护人可根据情况,临时停止工作。

(2)试验应保证足够的安全作业空间,满足相关试验操作及设备安全要求,主绝缘停电试验中每一相试验前后应对被试电缆进行充分放电。

(3)试验对象及环境的温度宜在-10~+40 ℃;空气相对湿度不宜大于 90%,不应在有雷、雨、雾、雪环境下作业;试验端子要保持清洁;避免电焊、气体放电灯等强电磁信号干扰。

(4)工作负责人交代当天工作任务、安全注意事项、作业方法等,做到人人明白分工、危险点及预控措施;未进行安全技术交底的,作业人员有权拒绝作业。

(5)在试验现场,应正确佩戴安全防护用具,设置警示围栏,避免无关人员进入现场;在工作处摆设警示筒,设置围栏。

(6)工作负责人接到电缆线路已停电的通知后,许可工作班成员开始验电、装设接地线,并设专人监护。验电须使用相应电压等级的合格的接触式验电器,对线路逐相按先近后远的原则验电,验电时须戴绝缘手套。装设接地线时,应先接接地端再接导线端,拆除接地线的顺序与之相反。

(7)试验时对待试验电缆进行人员清场,满足试验安全要求;试验时实行呼唱制度并保持通信畅通;被试设备、试验设备必须充分放电后,才可触摸。

(8)作业人员应精神状态良好,熟悉工作中保证安全的组织措施和技术措施;严禁酒后作业和作业中玩笑嬉闹。

(三)准备工作

1. 危险点及其预控措施

1)危险点——触电伤害

预控措施:在试验过程中,操作人员应时刻注意电缆试验端和电缆试验对端有无人员触电危险,必要时应立即断开试验电源并使用放电棒进行放电;在试验过程中如遇设备击穿的情况,应立即断开试验电源并使用放电棒进行放电。

2)危险点——精神和身体状况差

预控措施:工作人员要严格遵守作息及考核时间安排,休息时间严禁酗酒和赌博,应保证足够的休息和睡眠时间。

3)危险点——高处坠落

预控措施:工作人员在攀爬试验设备过程中注意不要跌倒滑落,攀爬高度超过 2 m 时需要佩戴安全带,并将安全带系在固定构件上。

2. 工器具及材料选择

本试验所需要的工器具及材料见表 1-11。

表 1-11 金属屏蔽电阻与导体电阻比测量所需工器具及材料

序号	名称	规格型号	单位	数量	备注
1	双臂电桥	QJ44	套	1	
2	温湿度计		个	1	
3	10 kV 专用接地线	电压等级 10 kV	组	1	
4	10 kV 试验接地线	电压等级 10 kV	组	1	
5	10 kV 专用放电棒	电压等级 10 kV	个	1	
6	连接线夹		套	1	
7	声光验电器	电压等级 10 kV	个	2	
8	工频信号发生器	电压等级 10 kV	个	1	
9	对讲机	通话距离 5~10 km	个	2	
10	绝缘手套	电压等级 10 kV	双	2	
11	绝缘靴	电压等级 10 kV	双	2	
12	绝缘垫	电压等级 10 kV	张	2	
13	安全帽		顶	4	
14	工作负责人背心		件	1	
15	安全监护人袖套		个	1	
16	劳保手套		双	4	
17	活络扳手		把	2	
18	锉刀		把	1	
19	文字记录板		张	1	
20	标识牌	“在此工作”“从此进出”“止步,高压危险”等	块	10	根据现场情况准备

本试验所需要的工器具准备如图1-16所示。

图1-16　金属屏蔽电阻与导体电阻比测量工器具准备

3. 作业人员分工

本任务共需要操作人员4人(其中工作负责人1人、对端监护人员1人、试验操作人员2人),作业人员分工如表1-12所示。

表1-12　金属屏蔽电阻与导体电阻比测量作业人员分工

序号	工作岗位	数量(人)	工作职责
1	工作负责人(现场总指挥)	1	负责本次工作任务的人员分工、工作前的现场查勘、现场复勘,办理作业票相关手续、召开工作班前会、落实现场安全措施,负责作业过程中的安全监督、工作中突发情况的处理、工作质量的监督、工作后的总结等
2	对端监护人员	1	负责对电缆试验对端进行安全检查和监护
3	试验操作人员	2	负责试验过程中现场布置、试验接线、试验设备操作、数据记录等工作

(四)工作流程及操作示意图

1. 工作流程

本任务工作流程如表1-13所示。

表1-13　金属屏蔽电阻与导体电阻比测量工作流程

序号	作业内容	作业标准	安全注意事项	责任人
1	着装	1. 穿工作服。 2. 戴安全帽和劳保手套、穿绝缘鞋。 3. 穿戴整洁、规范,正确无误	现场作业人员正确戴安全帽,穿工作服、绝缘靴,戴劳保手套	

续表 1-13

序号	作业内容	作业标准	安全注意事项	责任人
2	工作准备	1. 选择操作所需工器具及材料。 2. 摆放整齐。 3. 准备场地，悬挂标识牌	1. 逐一清点检查工器具、材料的数量及型号。 2. 做好试验电缆两端的安全隔离	
3	接地线安装	1. 确认被测线路双重名称。 2. 正确选择接地点，接地应牢靠。 3. 用锉刀、砂布等工具将接地点打磨清洁，去除污迹。 4. 对被测线路进行验电，并挂设 10 kV 专用接地线，并将放电棒可靠接地	1. 接地点应选择在合理位置，保证接地牢靠。 2. 接电线的接地端子应与接地体有良好的电气连接	
4	试验接线	1. 使用连接线夹将末端 A、B、C 相与屏蔽层短接。 2. 在电缆首端接入电桥，将 C1、P1 接入 A 相线芯，C2、P2 接入 B 相线芯，P1 和 P2 接在 C1 和 C2 内侧	C1、P1 连接线芯时应成 90°夹角，C2、P2 同理	
5	导体电阻测量	1. 接通电源，等待一段时间后，采用点按的方式按检流计按钮。 2. 观察检流计是否指零位，若不在零位，则旋转调零旋钮，手动调零。 3. 检查灵敏度旋钮，初始位置在最低位置，随着检流计调零过程逐步调整，使灵敏度最大。 4. 选取合适的比率臂及比较臂电阻值。 5. 检流计稳定在零位时，读取读数盘读数、倍率读数，计算测量电阻值。 6. 拆取测试线夹并使用放电棒放电。 7. 测量其余两相	在检流计指针偏转较大情况下，不能长按检流计按钮，防止检流计指示失效	
6	试验接线	1. 将电缆首端接线拆除。 2. 将 C1、P1 接入 A 相线芯，C2、P2 接入金属屏蔽层接地线，P1 和 P2 接在 C1 和 C2 内侧	C1、P1 连接线芯时应成 90°夹角，C2、P2 同理	

续表 1-13

序号	作业内容	作业标准	安全注意事项	责任人
7	金属屏蔽层电阻测量	1. 接通电源,等待一段时间后,采用点按的方式按检流计按钮。 2. 观察检流计是否指零位,若不在零位,则旋转调零旋钮,手动调零。 3. 检查灵敏度旋钮,初始位置在最低位置,随着检流计调零过程逐步调整,使灵敏度最大。 4. 选取合适的比率臂及比较臂电阻值。 5. 检流计稳定在零位时,读取读数盘读数、倍率读数,计算测量电阻值。 6. 拆取测试线夹并使用放电棒放电	在检流计指针偏转较大的情况下不能长按检流计按钮,防止检流计指示失效	
8	计算	求取金属屏蔽层(金属套)电阻和导体电阻比	计算方法为:金属屏蔽层(金属套)电阻/导体电阻	
9	工具和现场清理	1. 清理工具。 2. 清理现场	清理测试遗留杂物,收拾测试设备	

2. 操作示意图

(1)电缆末端三相短接,如图 1-17 所示。

图 1-17　电缆末端三相短接

(2)相间导体电阻测试接线,如图 1-18 所示。

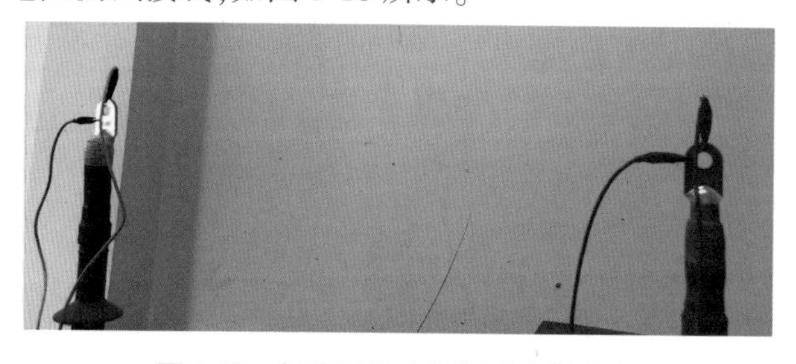

图 1-18　相间导体电阻测试连接方式

(3)双臂电桥与金属屏蔽层电阻测试接线,如图1-19所示。

图1-19　双臂电桥与金属屏蔽层端子的连接方式

(4)使用双臂电桥进行测试,如图1-20所示。

图1-20　双臂电桥操作示意图

(五)相关知识

(1)金属屏蔽层(金属套)电阻和导体电阻比测量用于检查电缆金属屏蔽层是否发生锈蚀,以及在电缆线路重新制作接头后,用于检查接头的导体连接是否良好。因此,在交接试验时开展此项试验,可以为运行阶段提供基准参考。

(2)重做终端或接头后,用双臂电桥测量在相同温度下的金属屏蔽层和导体的直流电阻。

(3)较投运前的电阻比增大,表明金属屏蔽层的直流电阻增大,可能被腐蚀;电阻比减小,表明附件中导体连接点的电阻有可能增大,必要时应开展进一步检测或检修。

(4)现场由于电缆较长,无法在电缆两端接线,通常是将末端三相短接后,分别测取其中两相导体电阻之和,即R_{AB}、R_{BC}、R_{AC}。测R_{AB}的原理图,见图1-21。完成测试后,根据式(1-1)即可计算出单相的导体直流电阻R_A、R_B、R_C。

$$\left.\begin{aligned}2R_A &= R_{AB} + R_{AC} - R_{BC}\\2R_B &= R_{AB} + R_{BC} - R_{AC}\\2R_C &= R_{AC} + R_{BC} - R_{AB}\end{aligned}\right\}\qquad(1\text{-}1)$$

同理,屏蔽层电阻通过末端将 A 相缆芯与屏蔽层短接,测量得到 A 相导体电阻与屏蔽层电阻之和,即 R_{AZ}。测量原理图见图 1-22。屏蔽层电阻 $R_Z=R_{AZ}-R_A$。

最终,金属屏蔽层(金属套)电阻和导体电阻比即为两者相除的结果。

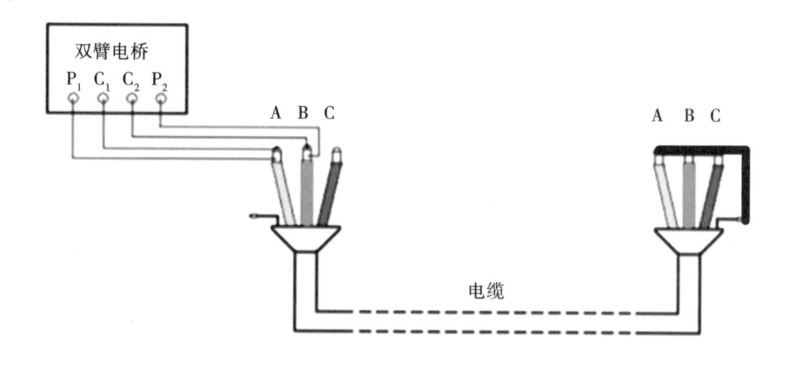

图 1-21　测量 A、B 两相导体电阻示意图

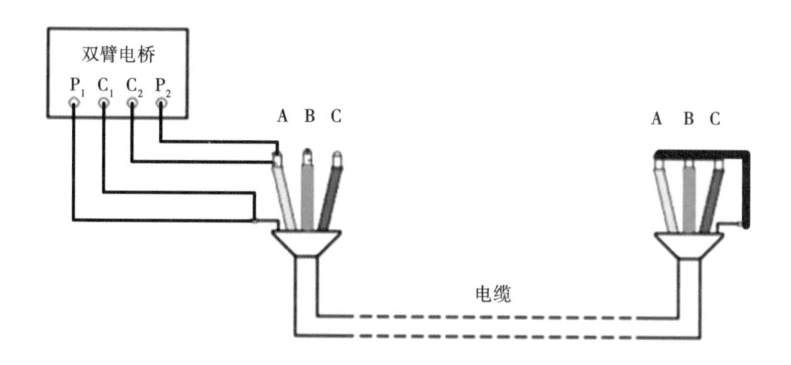

图 1-22　测量 A 相与屏蔽层导体电阻示意图

五、振荡波局部放电检测

(一)引用的规程规范

(1)《额定电压 1 kV(U_m=1.2 kV)到 35 kV(U_m=40.5 kV)挤包绝缘电力电缆及附件》(GB/T 12706)。

(2)《电气装置安装工程 电缆线路施工及验收标准》(GB 50168—2018)。

(3)《电力安全工作规程 电力线路部分》(GB 26859—2011)。

(4)《6 kV~35 kV 电缆振荡波局部放电测试方法》(DL/T 1576—2016)。

(5)《接地装置特性参数测量导则》(DL/T 475—2017)。

(6)《高压电缆线路试验规程》(Q/GDW 11316—2018)。

(7)《配电电缆线路试验规程》(Q/GDW 11838—2018)。

(8)《国家电网公司生产技能人员职业能力培训规范》(Q/GDW 232.41—2015)。

(二)天气及作业现场要求

(1)在工作中遇雷、雨、雪、5 级以上大风或其他任何情况威胁到作业人员的安全时,工作负责人或专职监护人可根据情况,临时停止工作。

(2)试验应保证足够的安全作业空间,满足相关试验操作及设备安全要求,主绝缘停电试验中每一相试验前后应对被试电缆进行充分放电。

(3)试验对象及环境的温度宜在-10~+40 ℃;空气相对湿度不宜大于 90%,不应在有雷、雨、雾、雪环境下作业;试验端子要保持清洁;避免电焊、气体放电灯等强电磁信号干扰。

(4)工作负责人交代当天工作任务、安全注意事项、作业方法等,做到人人明白分工、危险点及预控措施;未进行安全技术交底的,作业人员有权拒绝作业。

(5)在试验现场,应正确佩戴安全防护用具,设置警示围栏,避免无关人员进入现场;在工作处摆设警示筒,设置围栏。

(6)工作负责人接到电缆线路已停电的通知后,许可工作班成员开始验电、装设接地线,并设专人监护。验电须使用相应电压等级的合格的接触式验电器,对线路逐相按先近后远的原则验电,验电时须戴绝缘手套。装设接地线时,应先接接地端再接导线端,拆除接地线的顺序与之相反。

(7)试验时对待试验电缆进行人员清场,满足试验安全要求;试验时实行呼唱制度并保持通信畅通;被试设备、试验设备必须充分放电后,才可触摸。

(8)作业人员应精神状态良好,熟悉工作中保证安全的组织措施和技术措施;严禁酒后作业和作业中玩笑嬉闹。

(三)准备工作

1. 危险点及其预控措施

1)危险点——触电伤害

预控措施:在试验过程中,操作人员应时刻注意电缆试验端和电缆试验对端有无人员触电危险,必要时应立即断开试验电源并使用放电棒进行放电;在试验过程中如遇设备击穿的情况,应立即断开试验电源并使用放电棒进行放电。

2)危险点——精神和身体状况差

预控措施:工作人员要严格遵守作息及考核时间安排,休息时间严禁酗酒和赌博,应保证足够的休息和睡眠时间。

3)危险点——高处坠落

预控措施:工作人员在攀爬试验设备过程中注意不要跌倒滑落,攀爬高度超过 2 m 时需要佩戴安全带,并将安全带系在固定构件上。

2. 工器具及材料选择

本试验所需要的工器具及材料见表 1-14。

表 1-14　振荡波局部放电检测所需工器具及材料

序号	名称	规格型号	单位	数量	备注
1	绝缘电阻表	手摇式,2 500 V,2 500 MΩ 数字式,额定电压 500~5 000 V	套	1	
2	10 kV 振荡波测试设备	DACMV30	套	1	包括校准脉冲、补偿电容
3	温湿度计		个	1	
4	10 kV 专用接地线	电压等级 10 kV	组	1	
5	10 kV 试验接地线	电压等级 10 kV	组	1	
6	10 kV 专用放电棒	电压等级 10 kV	个	1	
7	声光验电器	电压等级 10 kV	个	2	
8	工频信号发生器	电压等级 10 kV	个	1	
9	对讲机	通话距离 5~10 km	个	2	
10	绝缘绳		根	3	
11	绝缘手套	电压等级 10 kV	双	2	
12	绝缘靴	电压等级 10 kV	双	2	
13	绝缘垫	电压等级 10 kV	张	2	
14	安全帽		顶	4	
15	工作负责人背心		件	1	
16	安全监护人袖套		个	1	
17	劳保手套		双	4	
18	活络扳手		把	2	
19	钢丝钳		把	1	
20	锉刀		把	1	
21	文字记录板		张	1	记录工作票、试验数据
22	标识牌	“在此工作”“从此进出” “止步,高压危险”等	块	10	根据现场情况准备

3. 作业人员分工

本任务共需要操作人员 4 人(其中工作负责人 1 人、对端监护人员 1 人、试验操作人员 2 人),作业人员分工如表 1-15 所示。

表 1-15　振荡波局部放电检测作业人员分工

序号	工作岗位	数量(人)	工作职责
1	工作负责人(现场总指挥)	1	负责本次工作任务的人员分工、工作前的现场查勘、现场复勘,办理作业票相关手续、召开工作班前会、落实现场安全措施,负责作业过程中的安全监督、工作中突发情况的处理、工作质量的监督、工作后的总结等
2	对端监护人员	1	负责对电缆试验对端进行安全检查和监护
3	试验操作人员	2	负责试验过程中现场布置、试验接线、试验设备操作、数据记录等工作

(四)工作流程及设备示意图

1. 工作流程

本任务工作流程如表 1-16 所示。

表 1-16　振荡波局部放电检测工作流程

序号	作业内容	作业标准	安全注意事项	责任人
1	着装	1. 穿工作服。 2. 戴安全帽和劳保手套、穿绝缘鞋。 3. 穿戴整洁、规范,正确无误	现场作业人员正确戴安全帽,穿工作服、绝缘靴,戴劳保手套	
2	工作准备	正确选择振荡波测试装置、万用表、干湿温度计、电源线、接地线、放电棒、绝缘手套、绝缘靴、试验围栏、标识牌、绝缘垫	逐一清点检查工器具、材料的数量及型号	
3	检查设备、仪表、安全用具	用正确方法检查测试设备、仪表、绝缘工具、安全用具等是否有合格标志,是否未过期		
4	做现场安全措施	经许可,将测试现场按规程要求装设围栏,向外悬挂安全警示牌,接到监护人指令并大声复诵后方可开始工作	围栏进出口悬挂“由此进出”标识牌,围栏四周悬挂“止步,高压危险”标识牌	
5	测量三相绝缘电阻	1. 选择合适位置,将电缘电阻表水平放稳,试验前应对绝缘电阻表进行检查。 2. 将绝缘电阻表的接地端与电缆地线连接,将绝缘电阻表的高压端与被试电缆线芯连接。 3. 读取绝缘电阻表 60 s 的测量值。 4. 停止测量,将电缆短路放电并接地		
6	摆放振荡波设备及接线	1. 振荡波设备应接上补偿电容器。 2. 对照接线示意图正确接线	在被试电缆长度较短的情况下,应并上补偿电容	

续表 1-16

序号	作业内容	作业标准	安全注意事项	责任人
7	试验回路校准	1. 用校准脉冲发生器在电缆主体与地之间注入校准脉冲,同时在电缆振荡波系统进行确认和保存。 2. 排除外界干扰,掌握入射波、反射波、波速三者的关系。 3. 对于三芯电缆,只校核其中一相即可	使用完校准脉冲后注意及时取下设备,防止后续加高压损坏设备	
8	选择正确的额定电压	根据电缆的电压类型,选择对应的额定电压		
9	电缆的加压测试	1. 合上安全开关。 2. 设定目标加压值。 3. 按以下顺序加压试验: 0　1 次 $0.5U_0$　1 次 $0.7U_0$　1 次 $0.9U_0$　1 次 $1.0U_0$　3 次 $1.1U_0$　1 次 $1.3U_0$　1 次 $1.5U_0$　3 次 $1.7U_0$　3 次 $1.8U_0$　1 次 $1.9U_0$　1 次 $2.0U_0$　3 次 0　1 次 4. 保存数据。 5. 电缆对地充分放电	1. 加压前应反复确认被试电缆两端的安全情况。 2. 设备操作人员应进行"唱票",实时对输出电压进行诵读。 3. 设备操作人员在加压过程中左手应保持在"即停"按钮上方,一旦发现电缆击穿或其他意外情况,立即按下"即停"按钮。 4. 使用放电棒放电时,应先采用阻尼放电,再采用直接放电	
10	测量三相绝缘电阻	1. 选择合适位置,将兆欧表水平放稳,试验前应对兆欧表进行检查。 2. 将兆欧表的接地端与电缆地线连接,将兆欧表的高压端与被试电缆线芯连接。 3. 读取兆欧表 60 s 的测量值。 4. 停止测量,将电缆短路放电并接地	对比振荡波试验前后电缆绝缘电阻值的变化	
11	拆除接线	拆除所有因试验而接的引线及接地线,设备接线从电源侧开始拆除,接地线最后拆除至接地点处		
12	工具和现场清理	1. 清理工具。 2. 清理现场	清理测试遗留杂物,收拾测试设备	

2. 设备示意图

10 kV 电缆振荡波局部放电测试设备示意图如图 1-23 所示。

图 1-23　10 kV 电缆振荡波局部放电测试设备示意图

(五) 相关知识

(1) 被试电缆本体及附件应当绝缘良好,存在故障的电缆不能进行测试。被试电缆线路绝缘电阻小于 30 MΩ 时,不宜进行局部放电检测。若测试过程中发现放电量急剧增加或已达异常标准,应停止升压测试,尝试定位排查潜在缺陷。

(2) 激励电缆局部放电的电源可采用 50 Hz 交流电源、30~500 Hz 振荡波电源和 0. 1 Hz 超低频电源,考虑设备容量、波形等效性等因素,更多采用 30~500 Hz 振荡波电源对现场 35 kV 及以下电压等级电缆进行局部放电测试。局部放电检测试验要求如表 1-17 所示。

表 1-17　局部放电检测试验要求

电压形式	评价对象	投运年限	最高试验电压下的局部放电量	评价结论
振荡波局部放电检测最高试验电压 $1.7U_0$; 超低频正弦波局部放电检测最高试验电压 $2.5U_0$; 超低频余弦方波局部放电检测最高试验电压 $2.0U_0$	本体	—	无可检出局部放电量	正常
			<100 pC	注意
			≥100 pC	异常
	接头	5 年以内	无可检出局部放电量	正常
			<300 pC	注意
			≥300 pC	异常
		5 年以上	无可检出局部放电量	正常
			<500 pC	注意
			≥500 pC	异常
	终端	5 年以内	无可检出局部放电量	正常
			<3 000 pC	注意
			≥3 000 pC	异常
		5 年以上	无可检出局部放电量	正常
			<5 000 pC	注意
			≥5 000 pC	异常

六、超低频介质损耗检测

(一)引用的规程规范

(1)《额定电压 1 kV(U_m=1.2 kV)到 35 kV(U_m=40.5 kV)挤包绝缘电力电缆及附件》(GB/T 12706)。

(2)《电气装置安装工程 电缆线路施工及验收标准》(GB 50168—2018)。

(3)《电力安全工作规程 电力线路部分》(GB 26859—2011)。

(4)《6 kV~35 kV 电缆振荡波局部放电测试方法》(DL/T 1576—2016)。

(5)《接地装置特性参数测量导则》(DL/T 475—2017)。

(6)《高压电缆线路试验规程》(Q/GDW 11316—2018)。

(7)《配电电缆线路试验规程》(Q/GDW 11838—2018)。

(8)《国家电网公司生产技能人员职业能力培训规范》(Q/GDW 232.41—2015)。

(二)天气及作业现场要求

(1)在工作中遇雷、雨、雪、5 级以上大风或其他任何情况威胁到作业人员的安全时,工作负责人或专职监护人可根据情况,临时停止工作。

(2)试验应保证足够的安全作业空间,满足相关试验操作及设备安全要求,主绝缘停电试验中每一相试验前后应对被试电缆进行充分放电。

(3)试验对象及环境的温度宜在-10~+40 ℃;空气相对湿度不宜大于 90%,不应在有雷、雨、雾、雪环境下作业;试验端子要保持清洁;避免电焊、气体放电灯等强电磁信号干扰。

(4)工作负责人交代当天工作任务、安全注意事项、作业方法等,做到人人明白分工、危险点及预控措施;未进行安全技术交底的,作业人员有权拒绝作业。

(5)在试验现场,应正确佩戴安全防护用具,设置警示围栏,避免无关人员进入现场;在工作处摆设警示筒,设置围栏。

(6)工作负责人接到电缆线路已停电的通知后,许可工作班成员开始验电、装设接地线,并设专人监护。验电须使用相应电压等级的合格的接触式验电器,对线路逐相按先近后远的原则验电,验电时须戴绝缘手套。装设接地线时,应先接接地端再接导线端,拆除接地线的顺序与之相反。

(7)试验时对待试验电缆进行人员清场,满足试验安全要求;试验时实行呼唱制度并保持通信畅通;被试设备、试验设备必须充分放电后,才可触摸。

(8)作业人员应精神状态良好,熟悉工作中保证安全的组织措施和技术措施;严禁酒后作业和作业中玩笑嬉闹。

(三)准备工作

1. 危险点及其预控措施

1)危险点——触电伤害

预控措施:在试验过程中,操作人员应时刻注意电缆试验端和电缆试验对端有无人员触电危险,必要时应立即断开试验电源并使用放电棒进行放电;在试验过程中如遇设备击穿的情况,应立即断开试验电源并使用放电棒进行放电。

2）危险点——精神和身体状况差

预控措施：工作人员要严格遵守作息及考核时间安排，休息时间严禁酗酒和赌博，应保证足够的休息和睡眠时间。

3）危险点——高处坠落

预控措施：工作人员在攀爬试验设备过程中注意不要跌倒滑落，攀爬高度超过 2 m 时需要佩戴安全带，并将安全带系在固定构件上。

2. 工器具及材料选择

本试验所需要的工器具及材料见表 1-18。

表 1-18　超低频介质损耗检测所需工器具及材料

序号	名称	规格型号	单位	数量	备注
1	绝缘电阻表	手摇式，2 500 V，2 500 MΩ 数字式，额定电压 500~5 000 V	套	1	
2	10 kV 超低频测试设备		套	1	
3	温湿度计		个	1	
4	10 kV 专用接地线	电压等级 10 kV	组	1	
5	10 kV 试验接地线	电压等级 10 kV	组	1	
6	10 kV 专用放电棒	电压等级 10 kV	个	1	
7	声光验电器	电压等级 10 kV	个	2	
8	工频信号发生器	电压等级 10 kV	个	1	
9	对讲机	通话距离 5~10 km	个	2	
10	绝缘手套	电压等级 10 kV	双	2	
11	绝缘靴	电压等级 10 kV	双	2	
12	绝缘垫	电压等级 10 kV	张	2	
13	绝缘绳		根	3	
14	安全帽		顶	4	
15	工作负责人背心		件	1	
16	安全监护人袖套		个	1	
17	劳保手套		双	4	
18	活络扳手		把	2	
19	钢丝钳		把	1	
20	锉刀		把	1	
21	文字记录板		张	1	记录工作票、试验数据
22	标识牌	“在此工作”“从此进出” “止步，高压危险”等	块	10	根据现场情况准备

超低频介质损耗检测工器具准备如图 1-24 所示。

图 1-24　超低频介质损耗检测工器具准备

3. 作业人员分工

本任务共需要操作人员 4 人(其中工作负责人 1 人、对端监护人员 1 人、试验操作人员 2 人),作业人员分工如表 1-19 所示。

表 1-19　超低频介质损耗检测作业人员分工

序号	工作岗位	数量(人)	工作职责
1	工作负责人(现场总指挥)	1	负责本次工作任务的人员分工、工作前的现场查勘、现场复勘,办理作业票相关手续、召开工作班前会、落实现场安全措施,负责作业过程中的安全监督、工作中突发情况的处理、工作质量的监督、工作后的总结等
2	对端监护人员	1	负责对电缆试验对端进行安全检查和监护
3	试验操作人员	2	负责试验过程中现场布置、试验接线、试验设备操作、数据记录等工作

(四)工作流程

1. 工作流程操作示意图

本任务工作流程如表 1-20 所示。

表 1-20　超低频介质损耗检测工作流程

序号	作业内容	作业标准	安全注意事项	责任人
1	着装	1. 穿工作服。 2. 戴安全帽和劳保手套、穿绝缘靴。 3. 穿戴整洁、规范,正确无误	现场作业人员正确戴安全帽,穿工作服、绝缘靴,戴劳保手套	
2	工作准备	1. 选择操作所需工器具及材料。 2. 摆放整齐	逐一清点工器具、材料的数量及型号	

续表 1-20

序号	作业内容	作业标准	安全注意事项	责任人
3	接地线安装	1. 确认被测线路双重名称。 2. 正确选择接地点，接地应牢靠。 3. 用锉刀、砂布等工具将接地点打磨清洁，去除污迹。 4. 对被测线路进行验电，并挂设 10 kV 专用接地线	1. 接地点应选择在合理位置，保证接地牢靠。 2. 接电线的接地端子应与接地体有良好的电气连接	
4	可靠接地	1. 将电缆外护套可靠接地。 2. 超低频介质损耗检测仪高压测量单元可靠接地		
5	电缆支撑、清洁	1. 取下电缆测试相电缆芯线的接地线。 2. 按试验标准保证电缆两端的芯线悬空，支撑电缆达到试验要求，擦去电缆终端绝缘上面的污迹	1. 保证测试端与周围设备的安全距离。 2. 工作负责人注意通知对端进行同样的操作	
6	接线	1. 被试电缆终端无污秽，直接将超低频介质损耗检测仪的高压测量单元与被测电缆相接。 2. 被试电缆终端有污秽，在电缆两侧终端安接屏蔽环，近端屏蔽环加装 TCU 终端纠正盒，远端屏蔽环与相邻相线芯相连	测试人员接触测试设备高压端时应全程佩戴绝缘手套，并站在绝缘垫上	
7	加压测试	1. 选择正确的介质损耗试验模板。 2. 检查加压过程和 U_0 是否正确。 3. 执行超低频介质损耗试验。 4. 观察设备采集参数及运行状态。 5. 试验完毕，自动结束，关闭“即停”按钮。 6. 保存数据	1. 加压前应反复确认被试电缆两端的安全情况。 2. 设备操作人员应进行“唱票”，实时对输出电压进行诵读。 3. 设备操作人员在加压过程中左手应保持在“即停”按钮上方，一旦发现电缆击穿或其他意外情况，立即按下“即停”按钮	
8	工作结束	1. 试验结束后将被试电缆充分放电。 2. 拆除接线	使用放电棒放电时，应先采用阻尼放电，再采用直接放电	
9	填写记录	填写试验结果	记录电缆主绝缘介质损耗变化率、$\tan\delta$ 随时间稳定性、介质损耗平均值	
10	工具和现场清理	1. 清理工具 2. 清理现场	清理测试遗留杂物，拆除接线，收拾测试设备	

2. 操作示意图

(1)现场查勘,核对测试线路双重名称,如图 1-25 所示。

图 1-25　核对测试线路双重名称

(2)召开班前会,如图 1-26 所示。

图 1-26　召开班前会

(3)检查工器具,如图 1-27 所示。

图 1-27　检查工器具

(4)对测试线路进行验电,如图 1-28 所示。

图 1-28　使用验电器进行验电

(5)对测试线路挂设试验接地线,如图 1-29 所示。

图 1-29　对测试线路挂设试验接地线

(6)装设放电棒,如图 1-30 所示。

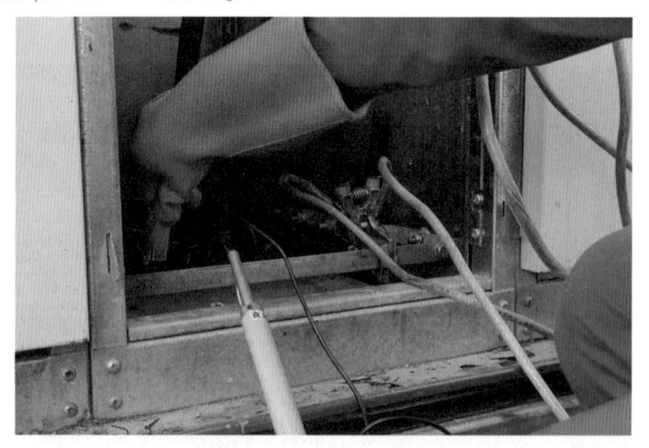

图 1-30　装设放电棒

(7)铺设绝缘垫,如图 1-31 所示。

图 1-31　铺设绝缘垫

(8)核对测试相,并在远端将测试相悬空(见图 1-32),另两相接地。

图 1-32　电缆线路远端将测试相悬空

(9)使用绝缘电阻表测试电缆主绝缘电阻,如图 1-33 所示。

图 1-33　测量电缆主绝缘电阻

(10)对测试电缆进行放电,如图 1-34 所示。

图 1-34　对测试电缆进行放电

(11)超低频设备接线,如图 1-35 所示。

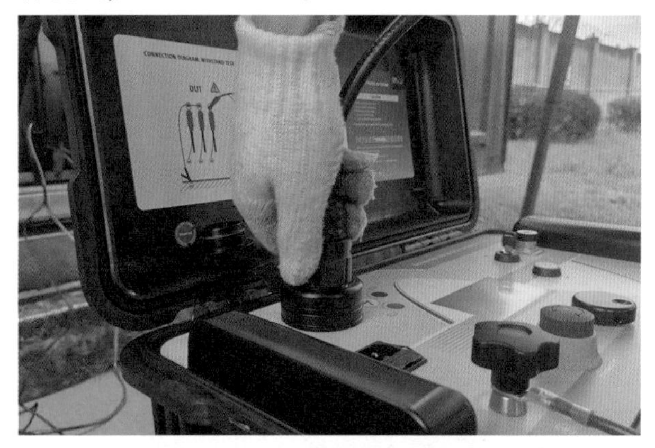

图 1-35　超低频设备接线

(12)再次核对远端测试相悬空并有专人监护,如图 1-36 所示。

图 1-36　远端设专人监护

(13)加压测试,如图 1-37 所示。

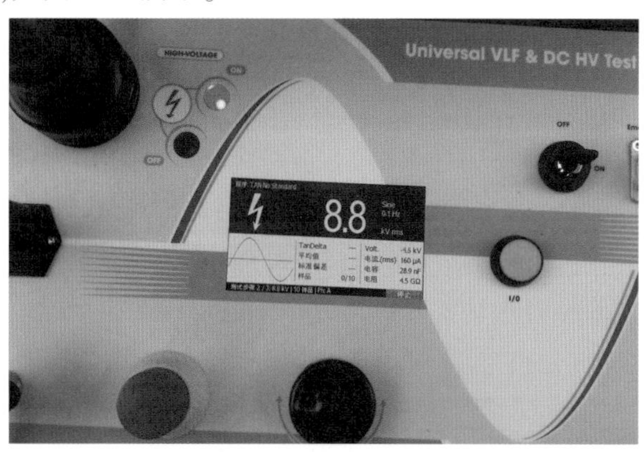

图 1-37　加压测试

(14)测试完毕,对电缆进行放电,如图 1-38 所示。

图 1-38　对电缆进行放电

(15)记录试验数据,如图 1-39 所示。

图 1-39　记录试验数据

(五)相关知识

介质损耗检测试验可采用超低频正弦波电压激励,也可采用工频电压激励,但考虑到试验设备的容量,一般采用超低频正弦波电压激励。超低频介质损耗试验接线原理图见图1-40。被测电缆本体及附件应当绝缘良好,存在故障的电缆不能进行测试。被测电缆线路绝缘电阻小于30 MΩ时,不宜进行介质损耗检测。超低频介质损耗检测试验,试验电压应以$0.5U_0$的步进值从$0.5U_0$开始升高至$1.5U_0$,每一个步进电压下应至少完成5次介质损耗因数测量。介质损耗检测试验升压过程中,若介质损耗指标已达异常标准,可不继续提升激励电压,直接开展缺陷定位或停电消缺。

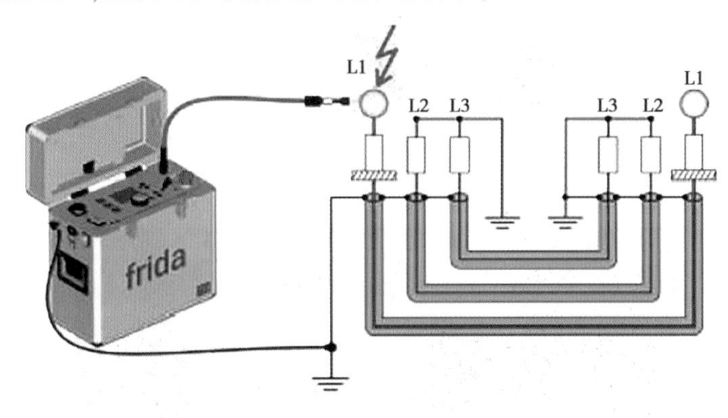

图1-40 超低频介质损耗试验接线原理图

介质损耗检测试验要求如表1-21所示。

表1-21 介质损耗检测试验要求

电压形式	$1.0U_0$下介质损耗值标准偏差($\times10^{-3}$)	逻辑关系	$1.5U_0$与$0.5U_0$超低频介质损耗平均值的差值($\times10^{-3}$)	逻辑关系	$1.0U_0$下介质损耗平均值($\times10^{-3}$)	评价结论
超低频正弦波电压	<0.1	与	<5	与	<4	正常
	0.1~0.5	或	5~80	或	4~50	注意
	>0.5	或	>80	或	>50	异常
工频电压					较上一次检测值无明显增加,或小于等于2	正常
					较上一次检测值有明显增加或大于2	异常

第二节　高压电缆的交接试验

本节主要介绍高压电缆交接试验的试验原理和操作方法，包括电缆主绝缘及外护套绝缘电阻测量、电缆主绝缘交流耐压试验、单芯电缆外护套直流耐压试验、电缆两端的相位检查、金属屏蔽电阻与导体电阻比测量、交叉互联系统试验、局部放电检测试验。

一、电缆主绝缘及外护套绝缘电阻测量

（一）引用的规程规范

（1）《高压电缆线路试验规程》（Q/GDW 11316—2018）。

（2）《电力安全工作规程 电力线路部分》（GB 26859—2011）。

（二）天气及作业现场要求

（1）在工作中遇雷、雨、雪、5 级以上大风或其他任何情况威胁到作业人员的安全时，工作负责人或专职监护人可根据情况，临时停止工作。

（2）试验应保证足够的安全作业空间，满足相关试验操作及设备安全要求，主绝缘停电试验中每一相试验前后应对被试电缆进行充分放电。

（3）试验对象及环境的温度宜在-10～+40 ℃；空气相对湿度不宜大于 90%，不应在有雷、雨、雾、雪环境下作业；试验端子要保持清洁；避免电焊、气体放电灯等强电磁信号干扰。

（4）工作负责人交代当天工作任务、安全注意事项、作业方法等，做到人人明白分工、危险点及预控措施；未进行安全技术交底的，作业人员有权拒绝作业。

（5）在试验现场，应正确佩戴安全防护用具，设置警示围栏，避免无关人员进入现场；在工作处摆设警示筒，设置围栏。

（6）工作负责人接到电缆线路已停电的通知后，许可工作班成员开始验电、装设接地线，并设专人监护。验电须使用相应电压等级的合格的接触式验电器，对线路逐相按先近后远的原则验电，验电时须戴绝缘手套。装设接地线时，应先接接地端再接导线端，拆除接地线的顺序与之相反。

（7）试验时对待试验电缆进行人员清场，满足试验安全要求；试验时实行呼唱制度并保持通信畅通；被试设备、试验设备必须充分放电后，才可触摸。

（8）作业人员应精神状态良好，熟悉工作中保证安全的组织措施和技术措施；严禁酒后作业和作业中玩笑嬉闹。

（三）准备工作

1. 危险点及其预控措施

1）危险点——触电伤害

预控措施：在试验过程中，操作人员应时刻注意电缆试验端和电缆试验对端有无人员触电危险，必要时应立即断开试验电源并使用放电棒进行放电；在试验过程中如遇设备击

穿的情况，应立即断开试验电源并使用放电棒进行放电。

2）危险点——精神和身体状况差

预控措施：工作人员要严格遵守作息及考核时间安排，休息时间严禁酗酒和赌博，应保证足够的休息和睡眠时间。

2. 工器具及材料选择

本试验所需要的工器具及材料见表1-22。

表1-22 电缆主绝缘及外护套绝缘电阻测量所需工器具及材料

序号	名称	规格型号	单位	数量	备注
1	便携式接地杆	电压等级110 kV	套	1	
2	绝缘手套	电压等级10 kV	双	3	
3	绝缘靴	电压等级10 kV	双	3	
4	绝缘垫	电压等级10 kV	张	2	
5	放电棒	电压等级110 kV	根	2	
6	试验接地线		套	2	
7	高压验电器	电压等级110 kV	套	2	
8	工频高压信号发生器	电压等级110 kV	套	1	
9	扳手		把	4	
10	钢丝钳		把	2	
11	平锉		把	2	
12	棉线手套		双	3	
13	安全帽		顶	4	
14	对讲机		个	2	
15	工作负责人制服(袖套)		套	1	
16	安全监护人制服(袖套)		套	1	
17	防潮垫布		张	2	
18	安全围栏		套	2	
19	标识牌	止步，高压危险	块	8	
20	标识牌	在此工作	块	2	
21	标识牌	从此进出	块	2	
22	标识牌	有人工作，禁止合闸	块	2	
23	万用表		只	2	
24	温湿度计		个	1	
25	绝缘电阻表		套	1	

3. 作业人员分工

本任务至少需要操作人员5人（其中工作负责人1人、安全监护人员1人、操作人员

3人），作业人员分工如表1-23所示。

表1-23　电缆主绝缘及外护套绝缘电阻测量作业人员分工

序号	工作岗位	数量（人）	工作职责
1	工作负责人（现场总指挥）	1	负责本次工作任务的人员分工、工作前的现场查勘、现场复勘，办理作业票相关手续、召开工作班前会、落实现场安全措施，负责作业过程中的安全监督、工作中突发情况的处理、工作质量的监督、工作后的总结等
2	安全监护人员（安全员）	1	负责各危险点的安全检查和监护
3	试验操作人员	2	负责电缆试验操作
4	对端操作人员	1	负责电缆试验对端操作及监护

（四）工作流程

本任务工作流程如表1-24所示。

表1-24　电缆主绝缘及外护套绝缘电阻测量工作流程

序号	作业内容	作业标准	安全注意事项
1	前期准备工作	1. 接受检修任务，进行现场勘察。 2. 布置工作现场，设置围栏及警示标识。 3. 工作负责人现场复勘。 4. 获取工作许可	1. 现场作业人员正确戴安全帽，穿工作服、绝缘靴，戴劳保手套。 2. 现场调查至少由2人进行。 3. 工作票应编写规范。 4. 注意检查危险点及预控措施
2	电缆转检修状态	运维人员将待试验段电缆转入检修状态	
3	工器具的检查	工作班成员对进入检修试验现场的设备设施、工器具、材料进行清点、检验或现场试验，确保设备设施、工器具、材料正确、完好并符合相关要求，工器具摆放图如图1-41所示	1. 逐一清点设备设施、工器具、材料的数量及型号，检查合格证，必要时进行检验或现场试验。 2. 绝缘电阻表应进行开路试验和短路试验
4	召开班前会	1. 全体工作班人员列队。 2. 工作负责人宣读工作票，检查工作班组成员精神状态和工作着装，交代工作任务，进行人员分工，交代工作中的危险点、预控措施和技术措施。 3. 作业人员明确各自工作任务和安全措施后，在工作票上签字确认	

续表 1-24

序号	作业内容	作业标准	安全注意事项
5	穿戴、铺设个人防护用具	1. 操作人员或试验人员需戴绝缘手套、穿绝缘靴。 2. 试验位置铺设绝缘垫	绝缘手套、绝缘靴、绝缘垫为辅助绝缘用具,其耐压等级选择 10 kV
6	试验前准备措施	1. 试验操作人员、对端操作人员对被试三相电缆分别进行验电。 2. 试验操作人员、对端操作人员验电确认被试三相电缆不带电后,使用接地杆使电缆连接架空线接地(柜内电缆应保持接地刀闸闭合)。 3. 试验操作人员、对端操作人员拆除被试电缆与其他线路的连接。 4. 试验操作人员使用试验接地线将被试三相电缆短接接地。 5. 试验操作人员使用锉刀打磨接地点并将放电棒接地	1. 验电前应进行验电器自检,并使用工频高压信号发生器对验电器进行检查。 2. 进行试验时,被试电缆两端连接架空线、电缆应始终保持接地。 3. 连接接地线前,应使用锉刀打磨接地端。 4. 接地杆、放电棒应先连接接地端,再进行线路接地或放电操作。 5. 所有操作均在作业人员戴绝缘手套、穿绝缘靴、站在绝缘垫上的前提下进行
7	电缆主绝缘绝缘电阻测量	1. 逐相对电缆进行主绝缘绝缘电阻测试。将绝缘电阻表放置于平整绝缘平面上,进行接线,接线图如图 1-42 所示。一般绝缘电阻表有三个接线端子,分别为线路端子(L)、接地端子(E)及屏蔽端子(G)。测量时,将线路端子(L)连接至试验相电缆接线端子处,接地端子(E)连接至电缆接地线处。 2. 拆除试验相电缆试验接地线,保持其余两相电缆接地。 3. 点击绝缘电阻测试仪上“启动”按钮,操作绝缘电阻表测试试验相电缆主绝缘绝缘电阻和吸收比。 4. 试验完成后使用接地棒对该相电缆充分放电。 5. 按上述步骤更换测试线、试验接地线位置,逐相完成三相电缆主绝缘绝缘电阻和吸收比测试	1. 主绝缘绝缘电阻测试使用 2 500 V 绝缘电阻表。 2. 待绝缘电阻表示数稳定后读数。 3. 所有操作均在作业人员戴绝缘手套、穿绝缘靴、站在绝缘垫上的前提下进行。 4. 耐压试验前后,绝缘电阻应无明显变化

续表 1-24

序号	作业内容	作业标准	安全注意事项
8	电缆外护套绝缘电阻测量	1. 断开三相电缆接地线与接地扁铁的连接,使用试验接地线将被试三相电缆接地线短接接地。 2. 逐相对电缆进行外护套绝缘电阻测试。将绝缘电阻表放置于平整绝缘平面上,进行接线,接线图如图 1-42 所示。一般绝缘电阻表有三个接线端子,分别为线路(L)端子、接地(E)端子及屏蔽(G)端子。测量时,将线路(L)端子连接至试验相电缆接地线处,接地(E)端子连接至接地扁铁。 3. 拆除试验相电缆试验接地线,保持其余两相电缆接地线接地。 4. 点击绝缘电阻测试仪上“启动”按钮,操作绝缘电阻表测试试验相电缆外护套绝缘电阻和吸收比。 5. 试验完成后使用接地棒对该相电缆接地线充分放电。 6. 按上述步骤更换测试线、试验接地线位置,逐相完成三相电缆外护套绝缘电阻和吸收比测试	1. 外护套绝缘电阻测试使用 1 000 V 绝缘电阻表。 2. 待绝缘电阻表示数稳定后读数。 3. 所有操作均在作业人员戴绝缘手套、穿绝缘靴、站在绝缘垫上的前提下进行。 4. 耐压试验前后,绝缘电阻应无明显变化。 5. 电缆外护套绝缘电阻与电缆长度乘积不小于 0.5 MΩ·km
9	结束工作	1. 拆除试验配套设备设施。 2. 恢复被试电缆接地线与接地扁铁的连接、恢复被试电缆与其他线路的连接。 3. 收拾、整理现场设备设施、工器具、耗材,清理遗留物。 4. 运维人员进行合闸操作,恢复供电。 5. 召开班后会,分析不足、总结经验	

(五)相关知识

(1)测量绝缘电阻是检查电缆线路绝缘状态最简单、最基本的方法。测量绝缘电阻一般使用绝缘电阻表,可以检查出电缆主绝缘或外护套是否存在明显缺陷或损伤。

(2)使用绝缘电阻表前应进行检查,检查绝缘电阻表是否完好的方法是:启动绝缘电阻表并稳定输出电压,首先将绝缘电阻表的接线端开路,绝缘电阻表示数应为无穷大;然后将接线端短路,绝缘电阻表示数应为零。

(3)绝缘电阻表分为数字绝缘电阻表和手摇绝缘电阻表。数字绝缘电阻表输出电压

图 1-41　电缆主绝缘及外护套绝缘电阻试验工器具

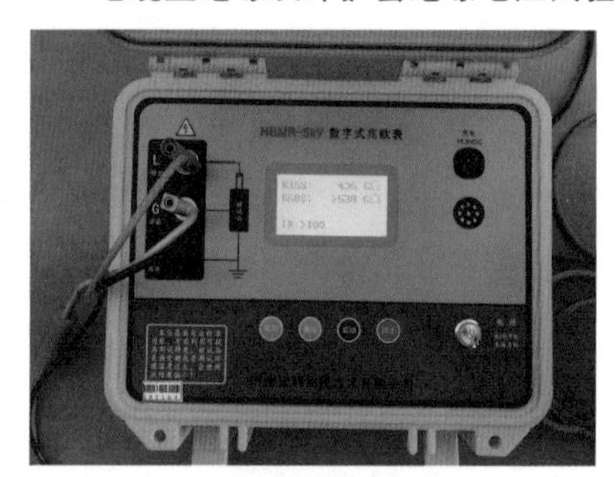

(a)绝缘电阻表接线

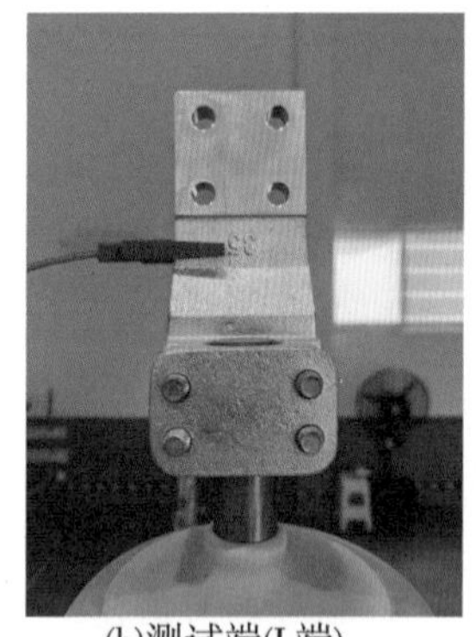

(b)测试端(L端)
接电缆接线端子

(c)接地端(E端)接接地扁铁

图 1-42　绝缘电阻表接线图

的方式为按下“启动”按钮后自动输出；手摇绝缘电阻表输出电压的方式为以额定转速(约 120 r/min)摇动绝缘电阻表手柄。数字绝缘电阻表观察示数的方式为液晶显示屏读数；手摇绝缘电阻表观察示数的方式为指针读数。

(4)电缆主绝缘绝缘电阻及吸收比未做明确要求，但与历史数据、耐压前后数据比较不应有太大变化。

(5)电缆外护套绝缘电阻与电缆长度的乘积不应小于 0.5 MΩ · km。

二、电缆主绝缘交流耐压试验

（一）引用的规程规范

（1）《高压电缆线路试验规程》（Q/GDW 11316—2018）。

（2）《电力安全工作规程 电力线路部分》（GB 26859—2011）。

（3）《电力设备预防性试验规程》（DL/T 596—2021）。

（二）天气及作业现场要求

（1）在工作中遇雷、雨、雪、5级以上大风或其他任何情况威胁到作业人员的安全时，工作负责人或专职监护人可根据情况，临时停止工作。

（2）试验应保证足够的安全作业空间，满足相关试验操作及设备安全要求，主绝缘停电试验中每一相试验前后应对被试电缆进行充分放电。

（3）试验对象及环境的温度宜在-10～+40 ℃；空气相对湿度不宜大于90%，不应在有雷、雨、雾、雪环境下作业；试验端子要保持清洁；避免电焊、气体放电灯等强电磁信号干扰。

（4）工作负责人交代当天工作任务、安全注意事项、作业方法等，做到人人明白分工、危险点及预控措施；未进行安全技术交底的，作业人员有权拒绝作业。

（5）在试验现场，应正确佩戴安全防护用具，设置警示围栏，避免无关人员进入现场；在工作处摆设警示筒，设置围栏。

（6）工作负责人接到电缆线路已停电的通知后，许可工作班成员开始验电、装设接地线，并设专人监护。验电须使用相应电压等级的合格的接触式验电器，对线路逐相按先近后远的原则验电，验电时须戴绝缘手套。装设接地线时，应先接接地端再接导线端，拆除接地线的顺序与之相反。

（7）试验时对待试验电缆进行人员清场，满足试验安全要求；试验时实行呼唱制度并保持通信畅通；被试设备、试验设备必须充分放电后，才可触摸。

（8）作业人员应精神状态良好，熟悉工作中保证安全的组织措施和技术措施；严禁酒后作业和作业中玩笑嬉闹。

（三）准备工作

1. 危险点及其预控措施

1）危险点——触电伤害

预控措施：在试验过程中，操作人员应时刻注意电缆试验端和电缆试验对端有无人员触电危险，必要时应立即断开试验电源并使用放电棒进行放电；在试验过程中如遇设备击穿的情况，应立即断开试验电源并使用放电棒进行放电。

2）危险点——精神和身体状况差

预控措施：工作人员要严格遵守作息及考核时间安排，休息时间严禁酗酒和赌博，应保证足够的休息和睡眠时间。

2. 工器具及材料选择

本试验所需要的工器具及材料见表1-25。

表 1-25　电缆主绝缘交流耐压试验所需工器具及材料

序号	名称	规格型号	单位	数量	备注
1	便携式接地杆	电压等级 110 kV	套	1	
2	绝缘手套	电压等级 10 kV	双	3	
3	绝缘靴	电压等级 10 kV	双	3	
4	绝缘垫	电压等级 10 kV	张	2	
5	放电棒	电压等级 110 kV	根	2	
6	试验接地线		套	2	
7	高压验电器	电压等级 110 kV	套	2	
8	工频高压信号发生器	电压等级 110 kV	套	1	
9	扳手		把	4	
10	钢丝钳		把	2	
11	平锉		把	2	
12	棉线手套		双	3	
13	安全帽		顶	4	
14	对讲机		个	2	
15	工作负责人制服(袖套)		套	1	
16	安全监护人制服(袖套)		套	1	
17	防潮垫布		张	2	
18	安全围栏		套	2	
19	标识牌	止步,高压危险	块	8	
20	标识牌	在此工作	块	2	
21	标识牌	从此进出	块	2	
22	标识牌	有人工作,禁止合闸	块	2	
23	万用表		只	2	
24	温湿度计		个	1	
25	绝缘电阻表		套	1	
26	串联谐振耐压设备		套	1	

3. 作业人员分工

本任务至少需要操作人员 5 人(其中工作负责人 1 人、安全监护人员 1 人、操作人员 3 人),作业人员分工如表 1-26 所示。

表 1-26　电缆主绝缘交流耐压试验作业人员分工

序号	工作岗位	数量(人)	工作职责
1	工作负责人(现场总指挥)	1	负责本次工作任务的人员分工、工作前的现场查勘、现场复勘,办理作业票相关手续、召开工作班前会、落实现场安全措施,负责作业过程中的安全监督、工作中突发情况的处理、工作质量的监督、工作后的总结等
2	安全监护人员(安全员)	1	负责各危险点的安全检查和监护
3	试验操作人员	2	负责电缆试验操作
4	对端操作人员	1	负责电缆试验对端操作及监护

(四)工作流程

本任务工作流程如表 1-27 所示。

表 1-27　电缆主绝缘交流耐压试验工作流程

序号	作业内容	作业标准	安全注意事项
1	前期准备工作	1. 接受检修任务,进行现场勘察。 2. 布置工作现场,设置围栏及警示标识。 3. 工作负责人现场复勘。 4. 获取工作许可	1. 现场作业人员正确戴安全帽,穿工作服、绝缘靴,戴劳保手套。 2. 现场调查至少由 2 人进行。 3. 工作票应编写规范。 4. 注意检查危险点及预控措施
2	电缆转检修状态	运维人员将待试验段电缆转入检修状态	
3	工器具的检查	工作班成员对进入检修试验现场的设备设施、工器具、材料进行清点、检验或现场试验,确保设备设施、工器具、材料正确、完好并符合相关要求	1. 逐一清点设备设施、工器具、材料的数量及型号,检查合格证,必要时进行检验或现场试验。 2. 绝缘电阻表应进行开路试验和短路试验
4	召开班前会	1. 全体工作班人员列队。 2. 工作负责人宣读工作票,检查工作班组成员精神状态和工作着装,交代工作任务,进行人员分工,交代工作中的危险点、预控措施和技术措施。 3. 作业人员明确各自工作任务和安全措施后,在工作票上签字确认	
5	穿戴、铺设个人防护用具	1. 操作人员或试验人员需戴绝缘手套、穿绝缘靴。 2. 试验位置铺设绝缘垫	绝缘手套、绝缘靴、绝缘垫为辅助绝缘用具,其耐压等级选择 10 kV

续表 1-27

序号	作业内容	作业标准	安全注意事项
6	试验前准备措施	1. 试验操作人员、对端操作人员对被试三相电缆分别进行验电。 2. 试验操作人员、对端操作人员验电确认被试三相电缆不带电后,使用接地杆使电缆连接架空线接地(柜内电缆应保持接地刀闸闭合)。 3. 试验操作人员、对端操作人员拆除被试电缆与其他线路的连接。 4. 试验操作人员使用试验接地线将被试三相电缆短接接地。 5. 试验操作人员将放电棒接地	1. 验电前应进行验电器自检,并使用工频高压信号发生器对验电器进行检查。 2. 进行试验时,被试电缆两端连接架空线、电缆应始终保持接地。 3. 连接接地线前,应使用锉刀打磨接地端。 4. 接地杆、放电棒应先连接接地端,再进行线路接地或放电操作。 5. 所有操作均在作业人员戴绝缘手套、穿绝缘靴、站在绝缘垫上的前提下进行
7	电缆主绝缘交流耐压试验前绝缘电阻测量	1. 逐相对电缆进行主绝缘绝缘电阻测试。将绝缘电阻表放置于平整绝缘平面上,连接绝缘电阻表测试线至试验相电缆接线端子处,连接绝缘电阻表接地线至电缆接地线处。 2. 拆除被试相电缆试验接地线,保持其余两相电缆接地。 3. 操作绝缘电阻表测试试验相电缆主绝缘绝缘电阻。 4. 试验完成后使用接地棒对该相电缆充分放电。 5. 按上述步骤更换测试线、试验接地线位置,逐相完成三相电缆主绝缘绝缘电阻测试	1. 主绝缘绝缘电阻测试使用 2 500 V 绝缘电阻表。 2. 待绝缘电阻表示数稳定后读数。 3. 所有操作均在作业人员戴绝缘手套、穿绝缘靴、站在绝缘垫上的前提下进行
8	谐振耐压试验估算	1. 了解被试电缆长度、截面面积,查阅该规格电缆单位长度电容值,并计算总电容值。 2. 使用万用表测量电缆总电容值。 3. 根据电缆额定电压,按试验规程要求选择试验电压。 4. 估算谐振频率,按谐振在较低频率时试验电流小的原则,估算谐振频率。 5. 配置电抗器,依据电缆的总电容量和谐振频率,估算总电感量,合理配置电抗器。 6. 估算试验电流值,判断电抗器能否承受试验电流	1. 估算电缆电容值时,将理论值和测试结果进行比对,两者差异不大情况下以实测值为准。 2. 试验要计算出谐振频率、电感值、试验电流的准确数值,判断设备参数是否能满足试验要求

续表 1-27

序号	作业内容	作业标准	安全注意事项
9	电缆主绝缘交流耐压试验	1. 将谐振耐压设备(见图 1-43)各部件整齐摆放于平整平面,连接谐振耐压设备各部件接地,将谐振耐压设备各部件按要求连接好。 2. 逐相对电缆主绝缘进行谐振交流耐压试验。连接谐振耐压设备高压线至被试相电缆接线端子处。 3. 拆除被试相电缆试验接地线,保持其余两相电缆金属套接地。 4. 操作谐振耐压设备对被试相电缆主绝缘进行谐振交流耐压试验。升压时,选择“自动”模式,点击“启动”,设备自动进行调谐、升压、计时、降压;或选择“手动”模式,点击“调谐”,则自动调谐,调谐完成后点击电压“加、减”手动升压。 5. 试验完成后使用接地棒对该相电缆充分放电。 6. 按上述步骤更换高压线、试验接地线位置,逐相完成三相电缆主绝缘谐振交流耐压试验	所有操作均在作业人员戴绝缘手套、穿绝缘靴、站在绝缘垫上的前提下进行
10	电缆主绝缘交流耐压试验后绝缘电阻测量	按流程 7 中步骤对三相电缆主绝缘进行绝缘电阻测试	1. 主绝缘绝缘电阻测试使用 2 500 V 绝缘电阻表。 2. 待绝缘电阻表示数稳定后读数。 3. 所有操作均在作业人员戴绝缘手套、穿绝缘靴、站在绝缘垫上的前提下进行
11	结束工作	1. 拆除试验配套设备设施。 2. 恢复被试电缆接地线与其他线路的连接。 3. 收拾、整理现场设备设施、工器具、耗材,清理遗留物。 4. 运维人员进行合闸操作,恢复供电。 5. 召开班后会,分析不足、总结经验	

谐振耐压设备包含电抗器[见图 1-43(a)]、电容器[见图 1-43(b)]、分压器[见图 1-43(c)]、调频电源[见图 1-43(d)]、励磁变压器[见图 1-43(e)]。

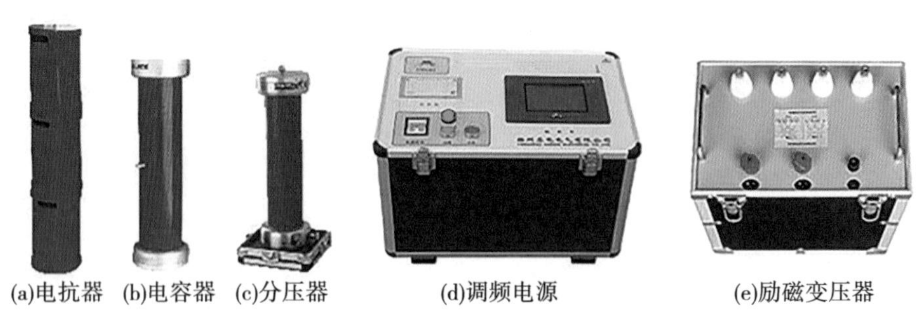

图 1-43 谐振耐压设备

(五)相关知识

(1)交流耐压试验是电缆敷设完成后进行的基本试验,是判断电缆线路是否可以运行的基本方法。当电缆线路中存在微小缺陷时,在运行过程中可能会逐渐发展成局部缺陷或整体缺陷。因此,为了考验电缆承受电压的能力,需要进行交流耐压试验。

(2)谐振交流耐压试验原理图如图 1-44 所示,电抗器、电容器、电缆形成 LRC 串联回路。当 LRC 串联回路中的感抗与电缆容抗相等时,电感中的磁场能量与电缆电容中的电场能量相互补偿,电缆试品所需的无功功率全部由电抗器供给,电源只提供回路的有功损耗。电源电压与谐振回路电流同相位,电感上的电压降与电容上的电压降大小相等、相位相反。当电路发生串联谐振时,电源只需提供很小的励磁电压,被试电缆上就能得到很高的电压,此时电源频率为谐振频率。

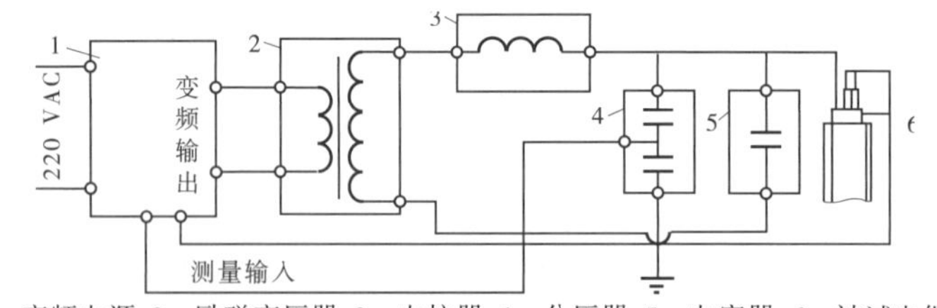

1—变频电源;2—励磁变压器;3—电抗器;4—分压器;5—电容器;6—被试电缆

图 1-44 谐振交流耐压试验原理图

(3)《高压电缆线路试验规程》(Q/GDW 11316—2018)规定,进行主绝缘交流耐压试验应采用频率范围为 10~300 Hz 的交流电压,具体试验电压及耐受时间应符合表 1-28 要求。

表 1-28 交联聚乙烯电缆线路交流耐压试验电压和时间

额定电压 U_0/U (kV)	试验电压		时间 (min)
	新投运线路或不超过 3 年的非新投运线路	非新投运线路	
48/66	$2U_0$	$1.6U_0$	60
64/110			
127/220	$1.7U_0$	$1.36U_0$	
190/330			
290/500			
非新投运线路指由于线路切改或故障等原因重新安装电缆附件的电缆线路。对于整相电缆和附件全部更换的线路,试验电压和耐受时间按照新投运线路要求			

三、单芯电缆外护套直流耐压试验

(一)引用的规程规范

(1)《高压电缆线路试验规程》(Q/GDW 11316—2018)。

(2)《电力安全工作规程 电力线路部分》(GB 26859—2011)。

(3)《电力设备预防性试验规程》(DL/T 596—2021)。

(二)天气及作业现场要求

(1)在工作中遇雷、雨、雪、5级以上大风或其他任何情况威胁到作业人员的安全时,工作负责人或专职监护人可根据情况,临时停止工作。

(2)试验应保证足够的安全作业空间,满足相关试验操作及设备安全要求,主绝缘停电试验中每一相试验前后应对被试电缆进行充分放电。

(3)试验对象及环境的温度宜在-10~+40 ℃;空气相对湿度不宜大于90%,不应在有雷、雨、雾、雪环境下作业;试验端子要保持清洁;避免电焊、气体放电灯等强电磁信号干扰。

(4)工作负责人交代当天工作任务、安全注意事项、作业方法等,做到人人明白分工、危险点及预控措施;未进行安全技术交底的,作业人员有权拒绝作业。

(5)在试验现场,应正确佩戴安全防护用具,设置警示围栏,避免无关人员进入现场;在工作处摆设警示筒,设置围栏。

(6)工作负责人接到电缆线路已停电的通知后,许可工作班成员开始验电、装设接地线,并设专人监护。验电须使用相应电压等级的合格的接触式验电器,对线路逐相按先近后远的原则验电,验电时须戴绝缘手套。装设接地线时,应先接接地端再接导线端,拆除接地线的顺序与之相反。

(7)试验时对待试验电缆进行人员清场,满足试验安全要求;试验时实行呼唱制度并保持通信畅通;被试设备、试验设备必须充分放电后,才可触摸。

(8)作业人员应精神状态良好,熟悉工作中保证安全的组织措施和技术措施;严禁酒后作业和作业中玩笑嬉闹。

(三)准备工作

1. 危险点及其预控措施

1)危险点——触电伤害

预控措施:在试验过程中,操作人员应时刻注意电缆试验端和电缆试验对端有无人员触电危险,必要时应立即断开试验电源并使用放电棒进行放电;在试验过程中如遇设备击穿的情况,应立即断开试验电源并使用放电棒进行放电。

2)危险点——精神和身体状况差

预控措施:工作人员要严格遵守作息及考核时间安排,休息时间严禁酗酒和赌博,应保证足够的休息和睡眠时间。

2. 工器具及材料选择

本试验所需要的工器具及材料见表1-29。

表 1-29 单芯电缆外护套直流耐压试验所需工器具及材料

序号	名称	规格型号	单位	数量	备注
1	便携式接地杆	电压等级 110 kV	套	1	
2	绝缘手套	电压等级 10 kV	双	3	
3	绝缘靴	电压等级 10 kV	双	3	
4	绝缘垫	电压等级 10 kV	张	2	
5	放电棒	电压等级 110 kV	根	2	
6	试验接地线		套	2	
7	高压验电器	电压等级 110 kV	套	2	
8	工频高压信号发生器	电压等级 110 kV	套	1	
9	扳手		把	4	
10	钢丝钳		把	2	
11	平锉		把	2	
12	棉线手套		双	3	
13	安全帽		顶	4	
14	对讲机		个	2	
15	工作负责人制服(袖套)		套	1	
16	安全监护人制服(袖套)		套	1	
17	防潮垫布		张	2	
18	安全围栏		套	2	
19	标识牌	止步,高压危险	块	8	
20	标识牌	在此工作	块	2	
21	标识牌	从此进出	块	2	
22	标识牌	有人工作,禁止合闸	块	2	
23	温湿度计		个	1	
24	直流高压发生器		套	1	

3. 作业人员分工

本任务至少需要操作人员 5 人(其中工作负责人 1 人、安全监护人员 1 人、操作人员 3 人),作业人员分工如表 1-30 所示。

表 1-30　单芯电缆外护套直流耐压试验作业人员分工

序号	工作岗位	数量(人)	工作职责
1	工作负责人（现场总指挥）	1	负责本次工作任务的人员分工、工作前的现场查勘、现场复勘，办理作业票相关手续、召开工作班前会、落实现场安全措施，负责作业过程中的安全监督、工作中突发情况的处理、工作质量的监督、工作后的总结等
2	安全监护人员（安全员）	1	负责各危险点的安全检查和监护
3	试验操作人员	2	负责电缆试验操作
4	对端操作人员	1	负责电缆试验对端操作及监护

（四）工作流程

本任务工作流程如表 1-31 所示。

表 1-31　单芯电缆外护套直流耐压试验工作流程

序号	作业内容	作业标准	安全注意事项
1	前期准备工作	1. 接受检修任务，进行现场勘察。 2. 布置工作现场，设置围栏及警示标识。 3. 工作负责人现场复勘。 4. 获取工作许可	1. 现场作业人员正确戴安全帽，穿工作服、绝缘靴，戴劳保手套。 2. 现场调查至少由 2 人进行。 3. 工作票应编写规范。 4. 注意检查危险点及预控措施
2	电缆转检修状态	运维人员将待试验段电缆转入检修状态	
3	工器具的检查	工作班成员对进入检修试验现场的设备设施、工器具、材料进行清点、检验或现场试验，确保设备设施、工器具、材料正确、完好并符合相关要求。单芯电缆外护套直流耐压试验工器具如图 1-45 所示	逐一清点设备设施、工器具、材料的数量及型号，检查合格证，必要时进行检验或现场试验
4	召开班前会	1. 全体工作班人员列队。 2. 工作负责人宣读工作票，检查工作班组成员精神状态和工作着装，交代工作任务，进行人员分工，交代工作中的危险点、预控措施和技术措施。 3. 作业人员明确各自工作任务和安全措施后，在工作票上签字确认	

续表 1-31

序号	作业内容	作业标准	安全注意事项
5	穿戴、铺设个人防护用具	1. 操作人员或试验人员需戴绝缘手套、穿绝缘靴。 2. 试验位置铺设绝缘垫	绝缘手套、绝缘靴、绝缘垫为辅助绝缘用具,其耐压等级选择 10 kV
6	试验前准备措施	1. 试验操作人员、对端操作人员对被试三相电缆分别进行验电。 2. 试验操作人员、对端操作人员验电确认被试三相电缆不带电后,使用接地杆使电缆连接架空线接地(柜内电缆应保持接地刀闸闭合)。 3. 试验操作人员、对端操作人员拆除被试三相电缆金属套接地线,试验操作人员使用试验接地线将三相电缆金属套接地。 4. 试验操作人员使用锉刀打磨接地点,并将放电棒接地	1. 验电前应进行验电器自检,并使用工频高压信号发生器对验电器进行检查。 2. 进行试验时,被试电缆两端连接架空线、电缆应始终保持接地。 3. 连接接地线前,应使用锉刀打磨接地端。 4. 接地杆、放电棒应先连接接地端,再进行线路接地或放电操作。 5. 所有操作均在作业人员戴绝缘手套、穿绝缘靴、站在绝缘垫上的前提下进行
7	单芯电缆外护套直流耐压试验	1. 将直流高压发生器各部件整齐摆放于平整绝缘平面,连接直流高压发生器各部件接地,将直流高压发生器各部件按要求连接好。直流高压发生器如图 1-46 所示,接线图如 1-47(a)所示。 2. 逐相对电缆外护套进行直流耐压试验。连接直流高压发生器高压线至被试相电缆接地线处(连接至被试相电缆金属套处),接线图如 1-47(b)所示。 3. 拆除被试相电缆试验接地线,保持其余两相电缆金属套接地。 4. 操作直流高压发生器对被试相电缆外护套进行直流耐压测试,首先打开电源开关,打开高压开关,缓慢调节高压旋钮,使电压缓慢上升至规定试验电压,待达到试验时间后,缓慢调节旋钮降低试验电压至零,并关闭高压开关。 5. 试验完成后使用接地棒对该相电缆金属套充分放电。 6. 按上述步骤更换高压线、试验接地线位置,逐相完成三相电缆外护套直流耐压试验	1. 进行单芯电缆外护套直流耐压试验时,对单芯电缆外护套连同接头外保护层施加 10 kV 直流电压,试验时间 1 min。 2. 为了有效开展试验,外护套表面应接地良好。 3. 所有操作均在作业人员戴绝缘手套、穿绝缘靴、站在绝缘垫上的前提下进行

续表 1-31

序号	作业内容	作业标准	安全注意事项
8	结束工作	1. 拆除试验配套设备设施。 2. 恢复被试电缆接地线与接地扁铁的连接。 3. 收拾、整理现场设备设施、工器具、耗材，清理遗留物。 4. 运维人员进行合闸操作，恢复供电。 5. 召开班后会，分析不足、总结经验	

图 1-45 单芯电缆外护套直流耐压试验工器具

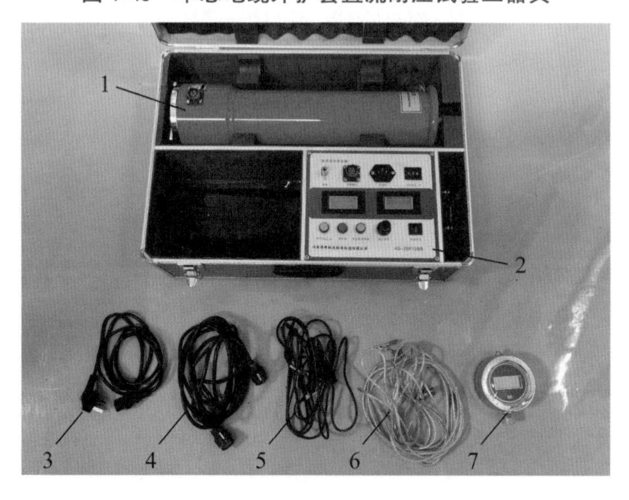

1—倍压筒；2—控制箱；3—电源线；4—连接线；5—高压线；6—接地线；7—微安表

图 1-46 直流高压发生器

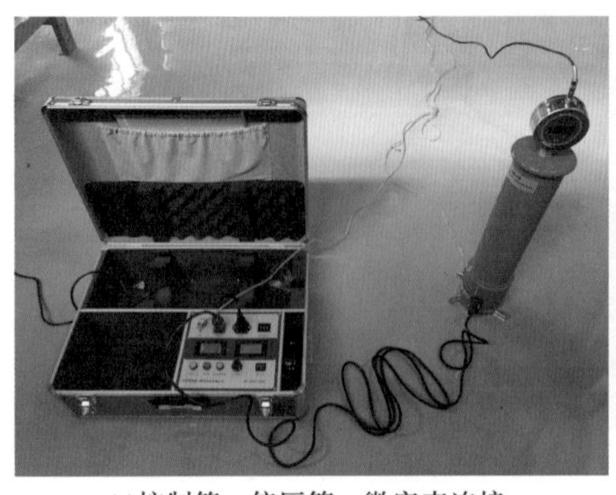

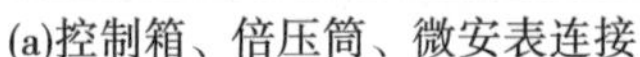
(a)控制箱、倍压筒、微安表连接

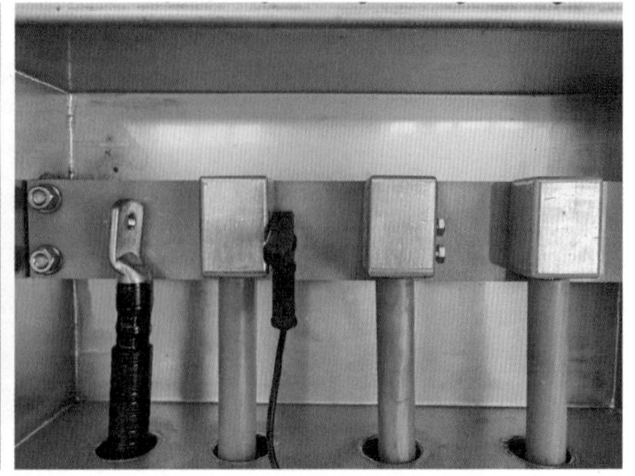

(b)高压端与电缆金属屏蔽层引出线连接

图 1-47　直流高压发生器接线图

(五)相关知识

(1)对于单芯电缆,需要对其外护套进行直流耐压试验,检查外护套是否存在绝缘缺陷,确保在正常运行期间外护套能够承受金属护套上的感应电压。高压单芯电缆在运行时,导体电流的电磁感应,会在金属护套上产生感应电压。如外护套破损,将在金属护套上形成环流,环流的存在会降低电缆载流量,严重者可导致护套腐蚀,进而引发绝缘击穿事故。

(2)试验升压时应缓慢均匀进行,升压速度一般保持在 1~2 kV/s,降压时也应缓慢均匀进行。

四、电缆两端的相位检查

(一)引用的规程规范

(1)《高压电缆线路试验规程》(Q/GDW 11316—2018)。

(2)《电力安全工作规程 电力线路部分》(GB 26859—2011)。

(3)《电力设备预防性试验规程》(DL/T 596—2021)。

(二)天气及作业现场要求

(1)在工作中遇雷、雨、雪、5 级以上大风或其他任何情况威胁到作业人员的安全时,工作负责人或专职监护人可根据情况,临时停止工作。

(2)试验应保证足够的安全作业空间,满足相关试验操作及设备安全要求,主绝缘停电试验中每一相试验前后应对被试电缆进行充分放电。

(3)试验对象及环境的温度宜在-10~+40 ℃;空气相对湿度不宜大于 90%,不应在有雷、雨、雾、雪环境下作业;试验端子要保持清洁;避免电焊、气体放电灯等强电磁信号干扰。

(4)工作负责人交代当天工作任务、安全注意事项、作业方法等,做到人人明白分工、危险点及预控措施;未进行安全技术交底的,作业人员有权拒绝作业。

(5)在试验现场,应正确佩戴安全防护用具,设置警示围栏,避免无关人员进入现场;在工作处摆设警示筒,设置围栏。

(6)工作负责人接到电缆线路已停电的通知后,许可工作班成员开始验电、装设接地线,并设专人监护。验电须使用相应电压等级的合格的接触式验电器,对线路逐相按先近后远的原则验电,验电时须戴绝缘手套。装设接地线时,应先接接地端再接导线端,拆除接地线的顺序与之相反。

(7)试验时对待试验电缆进行人员清场,满足试验安全要求;试验时实行呼唱制度并保持通信畅通;被试设备、试验设备必须充分放电后,才可触摸。

(8)作业人员应精神状态良好,熟悉工作中保证安全的组织措施和技术措施;严禁酒后作业和作业中玩笑嬉闹。

(三)准备工作

1. 危险点及其预控措施

1)危险点——触电伤害

预控措施:在试验过程中,操作人员应时刻注意电缆试验端和电缆试验对端有无人员触电危险,必要时应立即断开试验电源并使用放电棒进行放电;在试验过程中如遇设备击穿的情况,应立即断开试验电源并使用放电棒进行放电。

2)危险点——精神和身体状况差

预控措施:工作人员要严格遵守作息及考核时间安排,休息时间严禁酗酒和赌博,应保证足够的休息和睡眠时间。

2. 工器具及材料选择

本试验所需要的工器具及材料见表1-32。

表1-32　电缆两端的相位检查所需工器具及材料

序号	名称	规格型号	单位	数量	备注
1	便携式接地杆	电压等级110 kV	套	1	
2	绝缘手套	电压等级10 kV	双	3	
3	绝缘靴	电压等级10 kV	双	3	
4	绝缘垫	电压等级10 kV	张	2	
5	放电棒	电压等级110 kV	根	2	
6	试验接地线		套	2	
7	高压验电器	电压等级110 kV	套	2	
8	工频高压信号发生器	电压等级110 kV	套	1	
9	扳手		把	4	
10	钢丝钳		把	2	
11	平锉		把	2	
12	棉线手套		双	3	
13	安全帽		顶	4	
14	对讲机		个	2	

续表 1-32

序号	名称	规格型号	单位	数量	备注
15	工作负责人制服(袖套)		套	1	
16	安全监护人制服(袖套)		套	1	
17	防潮垫布		张	2	
18	安全围栏		套	2	
19	标识牌	止步,高压危险	块	8	
20	标识牌	在此工作	块	2	
21	标识牌	从此进出	块	2	
22	标识牌	有人工作,禁止合闸	块	2	
23	温湿度计		个	1	
24	绝缘电阻表		套	1	

3. 作业人员分工

本任务至少需要操作人员 5 人(其中工作负责人 1 人、安全监护人员 1 人、操作人员 3 人),作业人员分工如表 1-33 所示。

表 1-33 电缆两端的相位检查作业人员分工

序号	工作岗位	数量(人)	工作职责
1	工作负责人 (现场总指挥)	1	负责本次工作任务的人员分工、工作前的现场查勘、现场复勘,办理作业票相关手续、召开工作班前会、落实现场安全措施,负责作业过程中的安全监督、工作中突发情况的处理、工作质量的监督、工作后的总结等
2	安全监护人员 (安全员)	1	负责各危险点的安全检查和监护
3	试验操作人员	2	负责电缆试验操作
4	对端操作人员	1	负责电缆试验对端操作及监护

4. 工作流程

本任务工作流程如表 1-34 所示。

表 1-34　电缆两端的相位检查工作流程

序号	作业内容	作业标准	注意事项
1	前期准备工作	1. 接受检修任务，进行现场勘察。 2. 布置工作现场，设置围栏及警示标识。 3. 工作负责人现场复勘。 4. 获取工作许可。	1. 现场作业人员正确戴安全帽，穿工作服、绝缘靴，戴劳保手套。 2. 现场调查至少由 2 人进行。 3. 工作票应编写规范。 4. 注意检查危险点及预控措施
2	电缆转检修状态	运维人员将待试验段电缆转入检修状态	
3	工器具的检查	工作班成员对进入检修试验现场的设备设施、工器具、材料进行清点、检验或现场试验，确保设备设施、工器具、材料正确、完好并符合相关要求。电缆相位检查工器具如图 1-48 所示	逐一清点设备设施、工器具、材料的数量及型号，检查合格证，必要时进行检验或现场试验
4	召开班前会	1. 全体工作班人员列队。 2. 工作负责人宣读工作票，检查工作班组成员精神状态和工作着装，交代工作任务，进行人员分工，交代工作中的危险点、预控措施和技术措施。 3. 作业人员明确各自工作任务和安全措施后，在工作票上签字确认	
5	穿戴、铺设个人防护用具	1. 操作人员或试验人员需戴绝缘手套、穿绝缘靴。 2. 试验位置铺设绝缘垫	绝缘手套、绝缘靴、绝缘垫为辅助绝缘用具，其耐压等级选择 10 kV
6	试验前准备措施	1. 试验操作人员、对端操作人员对被试三相电缆分别进行验电。 2. 试验操作人员、对端操作人员验电确认被试三相电缆不带电后，使用接地杆使电缆连接架空线接地（柜内电缆应保持接地刀闸闭合）。 3. 试验操作人员、对端操作人员拆除被试三相电缆与其他线路的连接。 4. 试验操作人员使用试验接地线将被试三相电缆短接接地。 5. 试验操作人员将放电棒接地	1. 验电前应进行验电器自检，并使用工频高压信号发生器对验电器进行检查。 2. 进行试验时，被试电缆两端连接架空线、电缆应始终保持接地。 3. 连接接地线前，应使用锉刀打磨接地端。 4. 接地杆、放电棒应先连接接地端，再进行线路接地或放电操作。 5. 所有操作均在作业人员戴绝缘手套、穿绝缘靴、站在绝缘垫上的前提下进行

续表 1-34

序号	作业内容	作业标准	注意事项
7	电缆两端的相位检查	1. 逐相对电缆两端进行相位检查。将绝缘电阻表摆放于平整绝缘平面，连接绝缘电阻表测试线至被试相电缆接线端子处，连接绝缘电阻表接地线至电缆接地线处。 2. 拆除三相电缆试验接地线。 3. 对端操作人员将三相电缆其中一相接地（以 A 相为例），其余两相继续保持悬空。 4. 操作绝缘电阻表产生电压，试验操作人员将绝缘电阻表测试线分别搭接三相电缆接线端子，测出绝缘电阻为零的电缆为 A 相电缆。 5. 试验操作人员使用放电棒对三相电缆放电。 6. 更换另一相电缆接地，按上述步骤继续试验直至确定三相电缆相位	1. 相位检查时，绝缘电阻表产生电压不宜过高。 2. 电缆线路两端的相位应一致，并与电网相位相符合。 3. 所有操作均在作业人员戴绝缘手套、穿绝缘靴、站在绝缘垫上的前提下进行
8	结束工作	1. 拆除试验配套设备设施。 2. 恢复被试电缆接地线与其他线路的连接。 3. 收拾、整理现场设备设施、工器具、耗材，清理遗留物。 4. 运维人员进行合闸操作，恢复供电。 5. 召开班后会，分析不足、总结经验	

图 1-48　电缆相位检查工器具

（五）相关知识

（1）电缆线路在敷设、安装附件后，为了保证两端的相位一致，需要对两端的相位进行检查。这项工作对于单个用电设备关系不大，但对输电网络、双电源系统和有备用电源的重要用户等有重要意义。

在三相制电力网络中，三相之间有固定的相角差。电气设备与电网之间、电网与电网之间连接的相位必须一致才能正常运行。电缆线路连接电网和电气设备必须保证两端的相位一致，所以电缆线路安装竣工或经过检修后都要认真进行核相工作。

（2）绝缘电阻表的三个接线端子分别是接地端子（E）、屏蔽端子（G）和线路端子（L），三个接线端子分别连接接地线、屏蔽线和测试线。

（3）绝缘电阻表的检查包括短路试验和开路试验，方法是：首先将绝缘电阻表的接线端子开路，按规定启动绝缘电阻表，观察绝缘电阻表示数应为无穷大；然后将线路和接地端子短接，按规定启动绝缘电阻表，观察绝缘电阻表示数应为零。

（4）绝缘电阻表分为手摇绝缘电阻表和电子绝缘电阻表。测试绝缘电阻时，应转动手摇绝缘电阻表摇柄使转速达到 120 r/min 并保持稳定后开始测试；而电子绝缘电阻表点击“测试”，待电压稳定后开始测试。

五、金属屏蔽电阻与导体电阻比测量

（一）引用的规程规范

（1）《高压电缆线路试验规程》（Q/GDW 11316—2018）。

（2）《电力安全工作规程 电力线路部分》（GB 26859—2011）。

（3）《电力设备预防性试验规程》（DL/T 596—2021）。

（二）天气及作业现场要求

（1）在工作中遇雷、雨、雪、5 级以上大风或其他任何情况威胁到作业人员的安全时，工作负责人或专职监护人可根据情况，临时停止工作。

（2）试验应保证足够的安全作业空间，满足相关试验操作及设备安全要求，主绝缘停电试验中每一相试验前后应对被试电缆进行充分放电。

（3）试验对象及环境的温度宜在 $-10 \sim +40$ ℃；空气相对湿度不宜大于 90%，不应在有雷、雨、雾、雪环境下作业；试验端子要保持清洁；避免电焊、气体放电灯等强电磁信号干扰。

（4）工作负责人交代当天工作任务、安全注意事项、作业方法等，做到人人明白分工、危险点及预控措施；未进行安全技术交底的，作业人员有权拒绝作业。

（5）在试验现场，应正确佩戴安全防护用具，设置警示围栏，避免无关人员进入现场；在工作处摆设警示筒，设置围栏。

（6）工作负责人接到电缆线路已停电的通知后，许可工作班成员开始验电、装设接地线，并设专人监护。验电需使用相应电压等级的合格的接触式验电器，对线路逐相按先近后远的原则验电，验电时须戴绝缘手套。装设接地线时，应先接接地端再接导线端，拆除接地线的顺序与之相反。

(7)试验时对被试电缆进行人员清场,满足试验安全要求;试验时实行呼唱制度并保持通信畅通;被试设备、试验设备必须充分放电后,才可触摸。

(8)作业人员应精神状态良好,熟悉工作中保证安全的组织措施和技术措施;严禁酒后作业和作业中玩笑嬉闹。

(三)准备工作

1. 危险点及其预控措施

1)危险点——触电伤害

预控措施:在试验过程中,操作人员应时刻注意电缆试验端和电缆试验对端有无人员触电危险,必要时应立即断开试验电源并使用放电棒进行放电;在试验过程中如遇设备击穿的情况,应立即断开试验电源并使用放电棒进行放电。

2)危险点——精神和身体状况差

预控措施:工作人员要严格遵守作息及考核时间安排,休息时间严禁酗酒和赌博,应保证足够的休息和睡眠时间。

2. 工器具及材料选择

本试验所需要的工器具及材料见表 1-35。

表 1-35 金属屏蔽电阻与导体电阻比测量所需工器具及材料

序号	名称	规格型号	单位	数量	备注
1	便携式接地杆	电压等级 110 kV	套	1	
2	绝缘手套	电压等级 10 kV	双	3	
3	绝缘靴	电压等级 10 kV	双	3	
4	绝缘垫	电压等级 10 kV	张	2	
5	放电棒	电压等级 110 kV	根	2	
6	试验接地线		套	2	
7	高压验电器	电压等级 110 kV	套	2	
8	工频高压信号发生器	电压等级 110 kV	套	1	
9	扳手		把	4	
10	钢丝钳		把	2	
11	平锉		把	2	
12	棉线手套		双	3	
13	安全帽		顶	4	

续表 1-35

序号	名称	规格型号	单位	数量	备注
14	对讲机		个	2	
15	工作负责人制服(袖套)		套	1	
16	安全监护人制服(袖套)		套	1	
17	防潮垫布		张	2	
18	安全围栏		套	2	
19	标识牌	止步,高压危险	块	8	
20	标识牌	在此工作	块	2	
21	标识牌	从此进出	块	2	
22	标识牌	有人工作,禁止合闸	块	2	
23	温湿度计		个	1	
24	双臂电桥		套	1	

3. 作业人员分工

本任务至少需要操作人员 5 人(其中工作负责人 1 人、安全监护人员 1 人、操作人员 3 人),作业人员分工如表 1-36 所示。

表 1-36　金属屏蔽电阻与导体电阻比测量作业人员分工

序号	工作岗位	数量(人)	工作职责
1	工作负责人(现场总指挥)	1	负责本次工作任务的人员分工、工作前的现场查勘、现场复勘,办理作业票相关手续、召开工作班前会、落实现场安全措施,负责作业过程中的安全监督、工作中突发情况的处理、工作质量的监督、工作后的总结等
2	安全监护人员(安全员)	1	负责各危险点的安全检查和监护
3	试验操作人员	2	负责电缆试验操作
4	对端操作人员	1	负责电缆试验对端操作及监护

(四)工作流程和操作示意图

1. 工作流程

本任务工作流程如表 1-37 所示。

表 1-37　金属屏蔽电阻与导体电阻比测量工作流程

序号	作业内容	作业标准	注意事项
1	前期准备工作	1. 接受检修任务，进行现场勘察。 2. 布置工作现场，设置围栏及警示标识。 3. 工作负责人现场复勘。 4. 获取工作许可	1. 现场作业人员正确戴安全帽，穿工作服、绝缘靴，戴劳保手套。 2. 现场调查至少由 2 人进行。 3. 工作票应编写规范。 4. 注意检查危险点及预控措施
2	电缆转检修状态	运维人员将待试验段电缆转入检修状态	
3	工器具的检查	工作班成员对进入检修试验现场的设备设施、工器具、材料进行清点、检验或现场试验，确保设备设施、工器具、材料正确、完好并符合相关要求。金属屏蔽电阻与导体电阻比测量试验工器具如图 1-49 所示	逐一清点设备设施、工器具、材料的数量及型号，检查合格证，必要时进行检验或现场试验
4	召开班前会	1. 全体工作班人员列队。 2. 工作负责人宣读工作票，检查工作班组成员精神状态和工作着装，交代工作任务，进行人员分工，交代工作中的危险点、预控措施和技术措施。 3. 作业人员明确各自工作任务和安全措施后，在工作票上签字确认	
5	穿戴、铺设个人防护用具	1. 操作人员或试验人员需戴绝缘手套、穿绝缘靴。 2. 试验位置铺设绝缘垫	绝缘手套、绝缘靴、绝缘垫为辅助绝缘用具，其耐压等级选择 10 kV
6	试验前准备措施	1. 试验操作人员、对端操作人员对被试三相电缆分别进行验电。 2. 试验操作人员、对端操作人员验电确认被试三相电缆不带电后，使用接地杆使电缆连接架空线接地（柜内电缆应保持接地刀闸闭合）。 3. 试验操作人员、对端操作人员拆除被试三相电缆金属套接地线，试验操作人员使用试验接地线将三相电缆金属套接地。 4. 试验操作人员使用锉刀打磨接地点并将放电棒接地	1. 验电前应进行验电器自检，并使用工频高压信号发生器对验电器进行检查。 2. 进行试验时，被试电缆两端连接架空线、电缆应始终保持接地。 3. 连接接地线前，应使用锉刀打磨接地端。 4. 接地杆、放电棒应先连接接地端，再进行线路接地或放电操作。 5. 所有操作均在作业人员戴绝缘手套、穿绝缘靴、站在绝缘垫上的前提下进行

续表 1-37

序号	作业内容	作业标准	注意事项
7	导体电阻测量	1. 进行测试接线，如图 1-50 所示。 2. 接通电源，等待一段时间后，采用点按的方式按检流计按钮。 3. 观察检流计是否指零位，若不在零位，则旋转调零旋钮，手动调零。 4. 检查灵敏度旋钮，初始位置在最低位置，随着检流计调零过程逐步调整，使灵敏度最大。 5. 选取合适的比率臂及比较臂电阻值。 6. 检流计稳定在零位时，读取读数盘读数、倍率读数，计算测量电阻值。 7. 使用放电棒放电并拆取测试线夹。 8. 测量其余两相	在检流计指针偏转较大情况下，不能长按检流计按钮，防止检流计指示失效
8	金属屏蔽层电阻测量	1. 进行测试接线，如图 1-50 所示。 2. 接通电源，等待一段时间后，采用点按的方式按检流计按钮。 3. 观察检流计是否指零位，若不在零位，则旋转调零旋钮，手动调零。 4. 检查灵敏度旋钮，初始位置在最低位置，随着检流计调零过程逐步调整，使灵敏度最大。 5. 选取合适的比率臂及比较臂电阻值。 6. 检流计稳定在零位时，读取读数盘读数、倍率读数，计算测量电阻值。 7. 使用放电棒放电并拆取测试线夹	在检流计指针偏转较大情况下，不能长按检流计按钮，防止检流计指示失效
9	计算	求取金属屏蔽层（金属套）电阻和导体电阻比	计算方法为：金属屏蔽层（金属套）电阻/导体电阻
10	结束工作	1. 拆除试验配套设备设施。 2. 恢复被试电缆接地线与接地扁铁的连接、恢复被试电缆与其他线路的连接。 3. 收拾、整理现场设备设施、工器具、耗材，清理遗留物。 4. 运维人员进行合闸操作，恢复供电。 5. 召开班后会，分析不足、总结经验	

2. 操作示意图

金属屏蔽电阻与导体电阻比测量试验工器具如图 1-49 所示。

图 1-49　金属屏蔽电阻与导体电阻比测量试验工器具

双臂电桥测试接线如图 1-50 所示。将 C1、P1 接入 A 相线芯，C2、P2 接入金属屏蔽层接地线，P1 和 P2 接在 C1 和 C2 内侧。C1、P1 连接线芯时应成 90°夹角，C2、P2 同理。

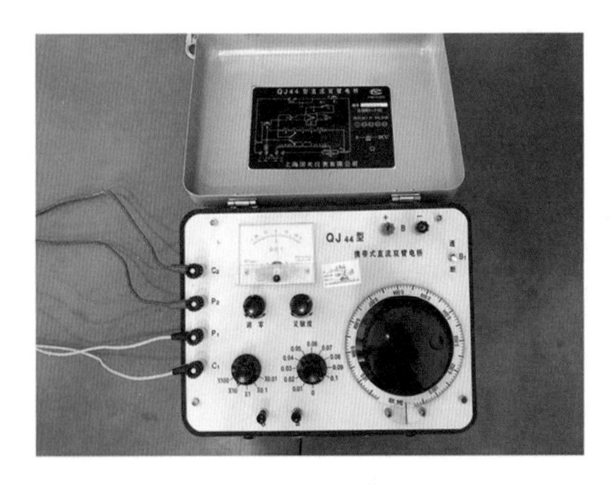

(a)双臂电桥仪器端接线

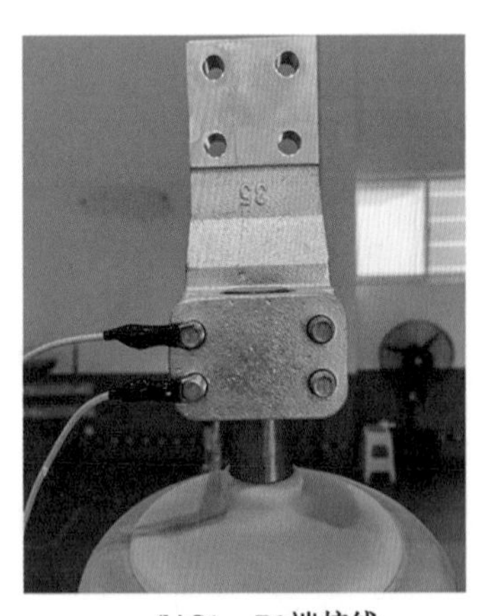

(b)C1、P1端接线

(c)C2、P2端接线

图 1-50　双臂电桥测试接线

（五）相关知识

（1）金属屏蔽层（金属套）电阻和导体电阻比测量用于检查电缆金属屏蔽层是否发生锈蚀，以及在电缆线路重新制作接头后，用于检查接头的导体连接是否良好。因此，在交接试验时开展此项试验，可为运行阶段提供基准参考。

（2）用双臂电桥测量时，线芯电阻与金属屏蔽层电阻 R_X 的计算公式为

$$R_X = R_N \cdot \frac{R_1}{R_2} \tag{1-2}$$

式中：R_N 为标准电阻值，Ω；R_1、R_2 为电桥平衡时的桥臂电阻值，Ω。

（3）为了比较历史数据，应将不同温度下测试的电阻值换算到同一温度下的等效电阻值后比较，换算公式为

$$R_X = R_a \cdot \frac{T + t_X}{T + t_a} \tag{1-3}$$

式中：R_a 为温度 t_a 时的电阻值，Ω；R_X 为换算至温度 t_X 时的电阻值，Ω；T 为换算系数，铜芯电缆为235，铝芯电缆为225。

（4）较投运前的电阻比增大，表明金属屏蔽层的直流电阻增大，可能被腐蚀；电阻比减小，表明附件中导体连接点的电阻有可能增大，必要时应开展进一步检测或检修。

（5）现场由于电缆较长，无法在电缆两端接线，通常是将末端三相短接后，分别测取其中两相导体电阻之和，即 R_{AB}、R_{BC}、R_{AC}。完成测试后，根据式（1-4）即可计算出单相的导体直流电阻 R_A、R_B、R_C。

$$\left.\begin{aligned} 2R_A &= R_{AB} + R_{AC} - R_{BC} \\ 2R_B &= R_{AB} + R_{BC} - R_{AC} \\ 2R_C &= R_{AC} + R_{BC} - R_{AB} \end{aligned}\right\} \tag{1-4}$$

同理，屏蔽层电阻通过末端将 A 相缆芯与屏蔽层短接，测量得到 A 相导体电阻与屏蔽层电阻之和，即 R_{AZ}。屏蔽层电阻 $R_Z = R_{AZ} - R_A$。

最终，金属屏蔽层（金属套）电阻和导体电阻比即为两者相除的结果。

六、交叉互联系统试验

（一）引用的规程规范

（1）《高压电缆线路试验规程》（Q/GDW 11316—2018）。

（2）《电力安全工作规程 电力线路部分》（GB 26859—2011）。

（3）《电力设备预防性试验规程》（DL/T 596—2021）。

（二）天气及作业现场要求

（1）在工作中遇雷、雨、雪、5级以上大风或其他任何情况威胁到作业人员的安全时，工作负责人或专职监护人可根据情况，临时停止工作。

（2）试验应保证足够的安全作业空间，满足相关试验操作及设备安全要求，主绝缘停电试验中每一相试验前后应对被试电缆进行充分放电。

（3）试验对象及环境的温度宜在−10～+40 ℃；空气相对湿度不宜大于90%，不应在有雷、雨、雾、雪环境下作业；试验端子要保持清洁；避免电焊、气体放电灯等强电磁信号干扰。

(4)工作负责人交代当天工作任务、安全注意事项、作业方法等,做到人人明白分工、危险点及预控措施;未进行安全技术交底的,作业人员有权拒绝作业。

(5)在试验现场,应正确佩戴安全防护用具,设置警示围栏,避免无关人员进入现场;在工作处摆设警示筒,设置围栏。

(6)工作负责人接到电缆线路已停电的通知后,许可工作班成员开始验电、装设接地线,并设专人监护。验电须使用相应电压等级的合格的接触式验电器,对线路逐相按先近后远的原则验电,验电时须戴绝缘手套。装设接地线时,应先接接地端再接导线端,拆除接地线的顺序与之相反。

(7)试验时对待试验电缆进行人员清场,满足试验安全要求;试验时实行呼唱制度并保持通信畅通;被试设备、试验设备必须充分放电后,才可触摸。

(8)作业人员应精神状态良好,熟悉工作中保证安全的组织措施和技术措施;严禁酒后作业和作业中玩笑嬉闹。

(三)准备工作

1. 危险点及其预控措施

1)危险点——触电伤害

预控措施:在试验过程中,操作人员应时刻注意电缆试验端和电缆试验对端有无人员触电危险,必要时应立即断开试验电源并使用放电棒进行放电;在试验过程中,如遇设备击穿的情况,应立即断开试验电源并使用放电棒进行放电。

2)危险点——精神和身体状况差

预控措施:工作人员要严格遵守作息及考核时间安排,休息时间严禁酗酒和赌博,应保证足够的休息和睡眠时间。

2. 工器具及材料选择

本试验所需要的工器具及材料见表1-38。

表1-38 交叉互联系统试验所需工器具及材料

序号	名称	规格型号	单位	数量	备注
1	便携式接地杆	电压等级110 kV	套	1	
2	绝缘手套	电压等级10 kV	双	3	
3	绝缘靴	电压等级10 kV	双	3	
4	绝缘垫	电压等级10 kV	张	2	
5	放电棒	电压等级110 kV	根	2	
6	试验接地线		套	2	
7	高压验电器	电压等级110 kV	套	2	
8	工频高压信号发生器	电压等级110 kV	套	1	
9	扳手		把	4	
10	钢丝钳		把	2	

续表 1-38

序号	名称	规格型号	单位	数量	备注
11	平锉		把	2	
12	棉线手套		双	3	
13	安全帽		顶	4	
14	对讲机		个	2	
15	工作负责人制服(袖套)		套	1	
16	安全监护人制服(袖套)		套	1	
17	防潮垫布		张	2	
18	安全围栏		套	2	
19	标识牌	止步,高压危险	块	8	
20	标识牌	在此工作	块	2	
21	标识牌	从此进出	块	2	
22	标识牌	有人工作,禁止合闸	块	2	
23	温湿度计		个	1	
24	直流高压发生器		套	1	
25	非线性电阻测试仪		套	1	
26	绝缘电阻表		套	1	
27	双臂电桥		套	1	
28	万用表		只	1	

3. 作业人员分工

本任务至少需要操作人员 5 人(其中工作负责人 1 人、安全监护人员 1 人、操作人员 3 人),作业人员分工如表 1-39 所示。

表 1-39　交叉互联系统试验作业人员分工

序号	工作岗位	数量(人)	工作职责
1	工作负责人(现场总指挥)	1	负责本次工作任务的人员分工、工作前的现场查勘、现场复勘,办理作业票相关手续、召开工作班前会、落实现场安全措施,负责作业过程中的安全监督、工作中突发情况的处理、工作质量的监督、工作后的总结等
2	安全监护人员(安全员)	1	负责各危险点的安全检查和监护
3	试验操作人员	2	负责电缆试验操作
4	对端操作人员	1	负责电缆试验对端操作及监护

(四)工作流程

本任务工作流程如表1-40所示。

表1-40　交叉互联系统试验工作流程

序号	作业内容	作业标准	注意事项
1	前期准备工作	1.接受检修任务,进行现场勘察。 2.布置工作现场,设置围栏及警示标识。 3.工作负责人现场复勘。 4.获取工作许可	1.现场作业人员正确戴安全帽,穿工作服、绝缘靴,戴劳保手套。 2.现场调查至少由2人进行。 3.工作票应编写规范。 4.注意检查危险点及预控措施
2	电缆转检修状态	运维人员将待试验段电缆转入检修状态	
3	工器具的检查	工作班成员对进入检修试验现场的设备设施、工器具、材料进行清点、检验或现场试验,确保设备设施、工器具、材料正确、完好并符合相关要求	逐一清点设备设施、工器具、材料的数量及型号,检查合格证,必要时进行检验或现场试验
4	召开班前会	1.全体工作班人员列队。 2.工作负责人宣读工作票,检查工作班组成员精神状态和工作着装,交代工作任务,进行人员分工,交代工作中的危险点、预控措施和技术措施。 3.作业人员明确各自工作任务和安全措施后,在工作票上签字确认	
5	穿戴、铺设个人防护用具	1.操作人员或试验人员需戴绝缘手套、穿绝缘靴。 2.试验位置铺设绝缘垫	绝缘手套、绝缘靴、绝缘垫为辅助绝缘用具,其耐压等级选择10 kV
6	试验前准备措施	1.试验操作人员、对端操作人员对被试三相电缆分别进行验电。 2.试验操作人员、对端操作人员验电确认被试三相电缆不带电后,使用接地杆使电缆连接架空线接地(柜内电缆应保持接地刀闸闭合)。 3.试验操作人员、对端操作人员拆除被试三相电缆金属套接地线,试验操作人员使用试验接地线将三相电缆金属套接地。 4.试验操作人员使用锉刀打磨接地端并将放电棒接地	1.验电前应进行验电器自检,并使用工频高压信号发生器对验电器进行检查。 2.进行试验时,被试电缆两端连接架空线、电缆应始终保持接地。 3.连接接地线前,应使用锉刀打磨接地端。 4.接地杆、放电棒应先连接接地端,再进行线路接地或放电操作。 5.所有操作均在作业人员戴绝缘手套、穿绝缘靴、站在绝缘垫上的前提下进行

续表 1-40

序号	作业内容	作业标准	注意事项
7	交叉互联系统对地绝缘直流耐压试验	1. 将护层电压限制器断开，并在互联箱中将另一侧的三相电缆金属套全部接地。 2. 将直流高压发生器各部件整齐摆放于平整绝缘平面，连接直流高压发生器各部件接地，将直流高压发生器各部件按要求连接好。 3. 逐相逐段对电缆交叉互联系统进行直流耐压试验。连接直流高压发生器高压线至被试相电缆接地线处（连接至被试相电缆金属套处）。 4. 拆除被试相电缆试验接地线，保持其余两相电缆金属套接地。 5. 操作直流高压发生器对被试相电缆交叉互联系统进行直流耐压测试，在每段电缆金属屏蔽层（金属套）与地之间施加直流电压 10 kV，加压时间 1 min，交叉互联系统对地绝缘部分不应击穿。 6. 试验完成后使用接地杆对该相电缆金属套充分放电。 7. 按上述步骤更换高压线、试验接地线位置，逐相逐段完成三相电缆各段交叉互联系统直流耐压试验	1. 进行单芯电缆外护套直流耐压试验时对单芯电缆外护套连同接头外保护层施加 10 kV 直流电压，试验时间 1 min。 2. 为了有效开展试验，外护套表面应接地良好。 3. 所有操作均在作业人员戴绝缘手套、穿绝缘靴、站在绝缘垫上的前提下进行
8	护层电压限制器测试	1. 使用非线性电阻测试仪对氧化锌电阻片进行直流参考电压测试。对电阻片施加直流参考电流后测量其压降，即直流参考电压。 2. 将非线性电阻片的全部引线并联在一起，并与接地的外壳绝缘后，用 1 000 V 绝缘电阻表测量引线与外壳之间的绝缘电阻，其值不应小于 10 MΩ	
9	互联箱、护层直接接地箱、护层保护接地箱连接片接触电阻测试	本试验在完成护层电压限制器试验后进行。将连接片恢复到正常工作位置后，用双臂电桥测量连接片的接触电阻，其值不应大于 20 μΩ	
10	结束工作	1. 拆除试验配套设备设施。 2. 恢复被试电缆接地线与接地扁铁的连接、恢复被试电缆与其他线路的连接。 3. 收拾、整理现场设备设施、工器具、耗材，清理遗留物。 4. 运维人员进行合闸操作，恢复供电。 5. 召开班后会，分析不足、总结经验	

高压电缆交叉互联箱结构如图 1-51 所示。

1—护层电压限制器;2—同轴电缆内层导体;3—连接铜排;4—同轴电缆外层导体;5—接地电缆

图 1-51　高压电缆交叉互联箱结构

七、局部放电检测试验

(一)引用的规程规范

(1)《高压电缆线路试验规程》(Q/GDW 11316—2018)。

(2)《电力安全工作规程 电力线路部分》(GB 26859—2011)。

(3)《电力设备预防性试验规程》(DL/T 596—2021)。

(二)天气及作业现场要求

(1)在工作中遇雷、雨、雪、5 级以上大风或其他任何情况威胁到作业人员的安全时,工作负责人或专职监护人可根据情况,临时停止工作。

(2)试验应保证足够的安全作业空间,满足相关试验操作及设备安全要求,主绝缘停电试验中每一相试验前后应对被试电缆进行充分放电。

(3)试验对象及环境的温度宜在 -10 ~ +40 ℃;空气相对湿度不宜大于 90%,不应在有雷、雨、雾、雪环境下作业;试验端子要保持清洁;避免电焊、气体放电灯等强电磁信号干扰。

(4)工作负责人交代当天工作任务、安全注意事项、作业方法等,做到人人明白分工、危险点及预控措施;未进行安全技术交底的,作业人员有权拒绝作业。

(5)进入试验现场,应正确佩戴安全防护用具,设置警示围栏,避免无关人员进入现场;在工作处摆设警示筒,设置围栏。

(6)工作负责人接到电缆线路已停电的通知后,许可工作班成员开始验电、装设接地线,并设专人监护。验电须使用相应电压等级的合格的接触式验电器,对线路逐相按先近后远的原则验电,验电时须戴绝缘手套。装设接地线时应先接接地端再接导线端,拆除接地线的顺序与之相反。

(7)试验时对待试验电缆进行人员清场,满足试验安全要求;试验时实行呼唱制度并保持通信畅通;被试设备、试验设备必须充分放电后,才可触摸。

(8)作业人员应精神状态良好,熟悉工作中保证安全的组织措施和技术措施;严禁酒后作业和作业中玩笑嬉闹。

(三)准备工作

1. 危险点及其预控措施

1)危险点——触电伤害

预控措施:在试验过程中,操作人员应时刻注意电缆试验端和电缆试验对端有无人员触电危险,必要时应立即断开试验电源并使用放电棒进行放电;在试验过程中如遇设备击穿的情况,应立即断开试验电源并使用放电棒进行放电。

2)危险点——精神和身体状况差

预控措施:工作人员要严格遵守作息及考核时间安排,休息时间严禁酗酒和赌博,应保证足够的休息和睡眠时间。

2. 工器具及材料选择

本试验所需要的工器具及材料如表1-41所示。

表1-41　局部放电检测试验所需工器具及材料

序号	名称	规格型号	单位	数量	备注
1	便携式接地杆	电压等级110 kV	套	1	
2	绝缘手套	电压等级10 kV	双	3	
3	绝缘靴	电压等级10 kV	双	3	
4	绝缘垫	电压等级10 kV	张	2	
5	放电棒	电压等级110 kV	根	2	
6	试验接地线		套	2	
7	高压验电器	电压等级110 kV	套	2	
8	工频高压信号发生器	电压等级110 kV	套	1	
9	扳手		把	4	
10	钢丝钳		把	2	
11	平锉		把	2	
12	棉线手套		双	3	
13	安全帽		顶	4	
14	对讲机		个	2	
15	工作负责人制服(袖套)		套	1	

续表 1-41

序号	名称	规格型号	单位	数量	备注
16	安全监护人制服(袖套)		套	1	
17	防潮垫布		张	2	
18	安全围栏		套	2	
19	标识牌	止步,高压危险	块	8	
20	标识牌	在此工作	块	2	
21	标识牌	从此进出	块	2	
22	标识牌	有人工作,禁止合闸	块	2	
23	温湿度计		个	1	
24	串联谐振耐压设备		套	1	
25	局部放电信号采集设备		套	1	

3. 作业人员分工

本任务至少需要操作人员 5 人(其中工作负责人 1 人、安全监护人员 1 人、操作人员 3 人),作业人员分工如表 1-42 所示。

表 1-42　局部放电检测试验作业人员分工

序号	工作岗位	数量(人)	工作职责
1	工作负责人 (现场总指挥)	1	负责本次工作任务的人员分工、工作前的现场查勘、现场复勘,办理作业票相关手续、召开工作班前会、落实现场安全措施,负责作业过程中的安全监督、工作中突发情况的处理、工作质量的监督、工作后的总结等
2	安全监护人员(安全员)	1	负责各危险点的安全检查和监护
3	试验操作人员	2	负责电缆试验操作
4	对端操作人员	1	负责电缆试验对端操作及监护

(四)工作流程

本任务工作流程如表 1-43 所示。

表 1-43　局部放电检测试验工作流程

序号	作业内容	作业标准	注意事项
1	前期准备工作	1. 接受检修任务，进行现场勘察。 2. 布置工作现场，设置围栏及警示标识。 3. 工作负责人现场复勘。 4. 获取工作许可	1. 现场作业人员正确戴安全帽，穿工作服、绝缘靴，戴劳保手套。 2. 现场调查至少由 2 人进行。 3. 工作票应编写规范。 4. 注意检查危险点及预控措施
2	电缆转检修状态	运维人员将待试验段电缆转入检修状态	
3	工器具的检查	工作班成员对进入检修试验现场的设备设施、工器具、材料进行清点、检验或现场试验，确保设备设施、工器具、材料正确、完好并符合相关要求	逐一清点设备设施、工器具、材料的数量及型号，检查合格证，必要时进行检验或现场试验
4	召开班前会	1. 全体工作班人员列队。 2. 工作负责人宣读工作票，检查工作班组成员精神状态和工作着装，交代工作任务，进行人员分工，交代工作中的危险点、预控措施和技术措施。 3. 作业人员明确各自工作任务和安全措施后，在工作票上签字确认	
5	穿戴、铺设个人防护用具	1. 操作人员或试验人员需戴绝缘手套、穿绝缘靴。 2. 试验位置铺设绝缘垫	绝缘手套、绝缘靴、绝缘垫为辅助绝缘用具，其耐压等级选择 10 kV
6	试验前准备措施	1. 试验操作人员、对端操作人员对被试三相电缆分别进行验电。 2. 试验操作人员、对端操作人员验电确认被试三相电缆不带电后，使用接地杆使电缆连接架空线接地（柜内电缆应保持接地刀闸闭合）。 3. 试验操作人员、对端操作人员拆除被试电缆与其他线路的连接。 4. 试验操作人员使用试验接地线将被试三相电缆短接接地	1. 验电前应进行验电器自检，并使用工频高压信号发生器对验电器进行检查。 2. 进行试验时，被试电缆两端连接架空线、电缆应始终保持接地。 3. 连接接地线前，应使用锉刀打磨接地端。 4. 接地杆、放电棒应先连接接地端，再进行线路接地或放电操作。 5. 所有操作均在作业人员戴绝缘手套、穿绝缘靴、站在绝缘垫上的前提下进行

续表 1-43

序号	作业内容	作业标准	注意事项
7	试验回路校准	1. 66 kV 及以上电缆线路的局部放电测量在开展主绝缘耐压试验的同时开展。 2. 根据本章第二节“二、电缆主绝缘交流耐压试验”中所示步骤连接好谐振耐压试验设备后对局部放电信号采集设备进行连接。局部放电信号采集设备示意图如图 1-52 所示。 3. 将校准脉冲发生器输出端连接至电缆线芯，接地端接地，在电缆主体与地之间注入校准脉冲。 4. 根据局部放电信号采集设备采集到的校准脉冲波形对试验回路进行校准	1. 三相电缆均须校准。 2. 使用完校准脉冲发生器后注意及时取下设备，防止后续加压损坏设备。 3. 所有操作均在作业人员戴绝缘手套、穿绝缘靴、站在绝缘垫上的前提下进行
8	局部放电检测试验	进行交流谐振耐压试验。在进行交流谐振耐压试验的过程中，通过局部放电信号采集设备采集高压电缆局部放电信号，交流谐振耐压试验全过程如本章第二节“二、电缆主绝缘交流耐压试验”中所述	所有操作均在作业人员戴绝缘手套、穿绝缘靴、站在绝缘垫上的前提下进行
9	结束工作	1. 拆除试验配套设备设施。 2. 恢复被试电缆接地线与其他线路的连接。 3. 收拾、整理现场设备设施、工器具、耗材，清理遗留物。 4. 运维人员进行合闸操作，恢复供电。 5. 召开班后会，分析不足、总结经验	

（五）相关知识

局部放电信号采集设备如图 1-52 所示。通过局部放电检测仪将局部放电脉冲电流信号转换为电压信号后，通过信号处理单元将模拟信号转换为数字信号存入数据处理终端中；或者通过高频电流传感器接收高频局部放电信号，在信号采集单元中将电流信号转换为电压信号并完成模数转换，最后将数字信号存入数据处理终端中。

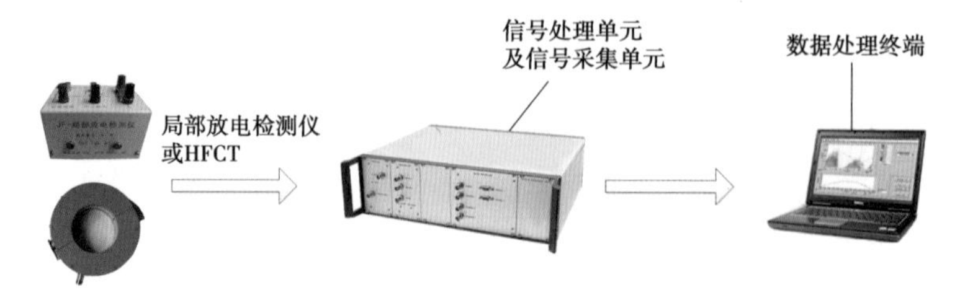

图 1-52　局部放电信号采集设备

第二章

电力电缆的运维与检修

第一节 电缆线路的验收

电缆线路设备的施工必须经过验收,未经验收或验收不合格的电缆线路,不能投入运行。

施工单位在完成设计文件规定的全部工程内容以后,首先应组织内部人员进行质量初验,初验合格后,再按规定手续向有关部门提交“竣工验收交接申请报告”,由电缆运行、设计、监理和施工安装部门的代表组成验收小组进行验收。

验收工作的内容包括配电电缆及附件的敷设安装、电缆路径、附属设施、附属设备、交接试验等技术质量检查评定。验收中发现的问题,施工单位必须负责处理。验收工作结束后,必须填写验收报告,一式四份分别由设计、监理、施工和运行单位保管。

电缆工程验收一般分中间验收和竣工验收两个阶段进行,现分别介绍如下。

一、电缆线路中间验收

电力电缆施工人员必须经过专门训练,施工工艺应符合有关技术规程规定。竣工后的电缆必须无任何损伤,并有防止机械、热力和化学等损伤的措施。电缆中间接头及终端头的制作必须符合工艺规程的要求,电缆线路及终端必须有标识牌,牌上应标明线路名称、规格、型号、工作电压、长度、截面等。

(一)施工单位必须具备的一般资料

(1)电缆线路设计书。

(2)实际电缆线路的协议书和平面图。

(3)电缆制造厂的试验记录和产品合格证。

(4)电缆在线盘上的情况和电气试验记录(每盘电缆的耐压试验电压、试验持续时间、绝缘电阻数据、泄漏电流及介质损失角正切值)。

(5)电缆截面图及电缆实物解剖检查的记录文件。

(6)隐蔽工程验收记录、相应关键过程环节的图文影像资料。

(二)施工单位对电缆中间接头及终端头必须具备的资料

(1)设计安装详图。

(2)制造厂提供的产品说明书、试验记录、合格证件及安装图纸等技术文件。

(3)电缆终端和接头中填充的绝缘材料名称、型号。

(4)安装记录(日期、天气、安装人员、附件或绝缘材料名称等)。

(5)试验记录。

(三)施工单位对人孔、排管的安装必须具备的资料

(1)人孔、排管及电缆沟道的结构图样。

(2)人孔内部架臂的结构图样。

(3)接地线的安装图样。

(4)照明电气图和安装图样。

(5)排水、防水设施图样。

(6)防爆、防火设施图样。

(四)必须符合电缆敷设、安装有关规程规定的项目

(1)电缆规格、型号、电压等级、特性、长度及备用量。

(2)电缆敷设、固定、支架间距、保护设施。

(3)电缆护管的长度、内径、壁厚。

(4)电缆敷设温度、弯曲半径、高度差及钢索悬吊间距。

(5)电缆间及其与热力管道的间距。

(6)各种不同系统、电压等级电缆的相互配置。

(7)直埋电缆的埋设方法及深度。

(8)电缆的防腐、防火措施。

二、电缆线路竣工验收

电缆线路竣工验收由验收小组进行,验收小组由运行单位和设计、施工、监理单位代表组成。

(一)竣工单位应向运行单位提交的文件

(1)电缆线路路径的协议文件。

(2)设计施工全部文件。

(3)设计变更通知单和实际施工图。

(4)制造厂提供的说明书、出厂试验记录、产品合格证、安装图纸等。

(5)电缆及通道竣工图纸和路径图,比例尺一般为1∶500,地下管线密集地段为1∶100,管线稀少地段为1∶1 000。在房屋内及变电所附近的路径用1∶50的比例尺绘制。平行敷设的电缆,必须标明各条线路相对位置,并标明地下管线剖面图。电缆及通道如采用特殊设计,应有相应的图纸和说明。

(6)安装技术记录。

(7)电缆断面图及电缆产品手册。

(8)竣工试验记录。

(二)验收小组须对电缆线路进行的外观检查

(1)电缆规格应符合规定;排列整齐,无机械损伤;标识牌应装设齐全、正确、清晰。

(2)电缆的固定、弯曲半径、有关距离和单芯电力电缆的金属护层的接线、相序排列等应符合要求。

(3)电缆终端、电缆接头及充油电缆的供油系统应固定牢靠;电缆接线端子与所接设备端子应接触良好;互联接地箱和交叉互联箱的连接点应接触良好、可靠;充有绝缘剂的电缆终端、电缆接头及充油电缆的供油系统,不应有渗漏现象;充油电缆的油压及表计整定值应符合要求。

(4)电缆线路所有应接地的接点应与接地极接触良好,接地电阻值应符合设计要求。

(5)电缆终端的相色应正确,电缆支架等的金属部件防腐层应完好。电缆管口应封堵密实。

(6)电缆沟内应无杂物,盖板齐全;隧道内应无杂物,照明、通风、排水等设施应符合设计要求。

(7)电缆路径标志,应与实际路径相符。路径标志应清晰、牢固。

(8)水底电缆线路两岸、禁锚区内的标志和夜间照明装置应符合设计要求。

(9)防火措施应符合设计,且施工质量合格。

(10)照明设施完好。

(11)人孔、排管及电缆沟道无下沉、裂缝及渗水、渗油等。

(12)电缆隧道通风应良好。

(13)电缆沟道应清洁及无遗物。

(三)验收小组必须协助运行单位进行的验收

(1)电缆线芯无断线。

(2)电缆各线芯间对地绝缘应符合规定。

(3)电缆终端接地电阻不大于10 Ω。

(4)三相单芯电缆排列方法,应使金属护套内的涡流损失最小,金属护套的电流分布必须均匀。

(四)验收小组在验收结束时必须填写的验收报告的内容

(1)电缆线路及施工单位名称。

(2)施工单位负责人、设计部门驻工地代表及运行单位代表的姓名、职务。

(3)验收工作内容,线路地点名称,电缆型号、规格、电压、长度,中间接头及终端头型式、数量,工程质量评价以及开工、竣工、验收时间。

第二节　电缆线路的运行与维护

本节主要介绍电缆及通道运维管理相关要求,使学员熟悉电缆运行与维护工作内容,掌握常用的电缆带电检测技术。

一、电缆线路的运行管理

电缆及通道运行管理是对电缆及通道采取的巡视、检测、维护等技术管理措施和手段的总称。主要包括对电缆及通道开展巡视和检测,及时发现电缆线路及通道可能存在的缺陷和隐患,为电缆线路的维护、检修及状态评价提供依据,并根据电缆线路运行状态开展相应的检修工作。

(一)巡视与维护

1.基本要求

(1)电缆及通道运行维护工作应贯彻安全第一、预防为主、综合治理的方针,严格执行《国家电网公司电力安全工作规程》的有关规定。

(2)运维人员应熟悉《中华人民共和国电力法》《电力设施保护条例》《电力设施保护

条例实施细则》及《国家电网公司电力设施保护工作管理办法》等国家法律、法规和公司有关规定。

(3)运维人员应掌握电缆及通道状况,熟知有关规程制度,定期开展分析,提出相应的事故预防措施并组织实施,提高设备安全运行水平。

(4)运维人员应经过技术培训并取得相应的技术资质,认真做好所管辖电缆及通道的巡视、维护和缺陷管理工作,建立健全技术资料档案,并做到齐全、准确,与现场实际相符。

(5)运维单位应参与电缆及通道的规划、路径选择、设计审查、设备选型及招标等工作。根据历年反事故措施、安全措施的要求和运行经验,提出改进建议,力求设计、选型、施工与运行协调一致。应按相关标准和规定对新投运的电缆及通道进行验收。

(6)运维单位应建立岗位责任制,明确分工,做到每回电缆及通道有专人负责,每回电缆及通道应有明确的运维管理界限,应与发电厂、变电所、架空线路和邻近的运行管理单位(包括用户)明确划分分界点,不应出现空白点。

(7)运维单位应全面做好电力电缆及通道的巡视检查、安全防护、状态管理、维护管理和验收工作,并根据设备运行情况,制定工作重点,解决设备存在的主要问题。

(8)运维单位应开展电力设施保护宣传教育工作,建立和完善电力设施保护工作机制和责任制,加强电力电缆及通道保护区管理,防止外力破坏。在邻近电力电缆及通道保护区进行打桩、深基坑开挖等施工,应要求对方做好电力设施保护。

(9)运维单位对易发生外力破坏、偷盗的区域和处于洪水冲刷区易坍塌等区域内的电缆及通道,应加强巡视,并采取针对性技术措施。

(10)运维单位应建立电力电缆及通道资产台账,定期清查核对,保证账物相符。对与公用电网直接连接的且签订代维护协议的用户电缆应建立台账。

(11)运维单位应积极采用先进技术,实行科学管理。新材料和新产品应通过标准规定的试验、鉴定或工厂评估合格后方可挂网试用,在试用的基础上逐步推广应用。

(12)同一户外终端塔,电缆回路数不应超过2回。采用两端GIS的电缆线路,GIS应加装试验套管,便于电缆试验。

2. 电缆及通道巡视要求

(1)运维单位对所管辖电缆及通道,均应指定专人巡视,同时明确其巡视的范围、内容和安全责任,并做好电力设施保护工作。

(2)运维单位应编制巡视检查工作计划,计划编制应结合电缆及通道所处环境、巡视检查历史记录以及状态评价结果进行。电缆巡视对象如表2-1所示。

(3)运维单位对巡视检查中发现的缺陷和隐患进行分析,及时安排处理并上报上级生产管理部门。

(4)运维单位应将预留通道和通道的预留部分视作运行设备,使用和占用应履行审批手续。

(5)巡视检查分为定期巡视和非定期巡视,其中非定期巡视包括故障巡视、特殊巡视等。

表 2-1　电缆巡视对象

序号	巡视对象	
1	电缆	
2	附件	终端
		电缆接头
3	附属设备	避雷器
		接地装置
		在线监测装置
4	附属设施	电缆支架
		终端站
		标识和警示牌
		防火设施
5	电缆通道	直埋电缆通道
		电缆沟
		隧道
		工作井
		排管(拖拉管)
		桥架和桥梁
6	电缆保护区内情况	

(6)定期巡视包括对电缆及通道的检查,可以按全线或区段进行。巡视周期相对固定,并可动态调整。电缆和通道的巡视可按不同的周期分别进行。

(7)故障巡视应在电缆发生故障后立即进行,巡视范围为发生故障的区段或全线。对引发事故的证物证件应妥善保管、设法取回,并对事故现场进行记录、拍摄,以便为事故分析提供证据和参考。

(8)特殊巡视应在气候剧烈变化、自然灾害、外力影响、异常运行和对电网安全稳定运行有特殊要求时进行,巡视范围视情况可分为全线、特定区域和个别组件。对电缆及通道周边的施工行为应加强巡视,对于已开挖暴露的电缆线路,应缩短巡视周期,必要时安装移动视频监控装置进行实时监控或安排人员看护。

3. 巡视周期

运维单位应根据电缆及通道特点划分区域,结合状态评价和运行经验确定电缆及通道的巡视周期。同时依据电缆及通道区段和时间段的变化,及时对巡视周期进行必要的调整。

(1)110(66)kV 及以上电缆通道外部及户外终端巡视:每半个月巡视一次。

(2)35 kV 及以下电缆通道外部及户外终端巡视:每 1 个月巡视一次。

(3)发电厂、变电站内电缆通道外部及户外终端巡视:每 3 个月巡视一次。

(4)电缆通道内部巡视:每 3 个月巡视一次。

(5)电缆巡视:每 3 个月巡视一次。

(6)35 kV 及以下开关柜、分支箱、环网柜内的电缆终端结合停电巡视检查一次。

(7)单电源、重要电源、重要负荷、网间联络等电缆及通道的巡视周期不应超过半个月。

(8)对通道环境恶劣的区域,如易受外力破坏区、偷盗多发区、采动影响区、易塌方区等,应在相应时段加强巡视,巡视周期一般为半个月。

(9)水底电缆及通道应每年至少巡视一次。

(10)对于城市排水系统泵站供电电源电缆,在每年汛期前进行巡视。

(11)电缆及通道巡视应结合状态评价结果,适当调整巡视周期。

4. 电缆巡视检查要求及内容

(1)电缆巡视应沿电缆逐个接头、终端建档进行并实行立体式巡视,不得出现漏点(段)。

(2)电缆巡视检查的内容及要求按照表 2-2 执行。

表 2-2 电缆巡视检查的内容及要求

巡视对象	部件	内容及要求
电缆本体	本体	是否变形。 表面温度是否过高
	外护套	是否存在破损情况和龟裂现象
附件	电缆终端	套管外绝缘是否出现破损、裂纹,是否有明显放电痕迹、异味及异常响声;套管密封是否存在漏油现象;瓷套表面不应严重结垢。 套管外绝缘爬距是否满足要求。 电缆终端、设备线夹、与导线连接部位是否出现发热或温度异常现象。 固定件是否出现松动、锈蚀、支撑瓷瓶外套开裂、底座倾斜等现象。 电缆终端及附近是否有不满足安全距离的异物。 支撑绝缘子是否存在破损情况和龟裂现象。 法兰盘尾管是否存在渗油现象。 电缆终端是否有倾斜现象,引流线不应过紧
	电缆接头	是否浸水。 外部是否有明显损伤及变形,环氧外壳密封是否存在内部密封胶向外渗漏现象。 底座支架是否存在锈蚀和损坏情况,支架是否稳固,是否存在偏移情况。 是否有防火阻燃措施。 是否有铠装或其他防外力破坏的措施

续表 2-2

巡视对象	部件	要求及内容
附属设备	避雷器	避雷器是否存在连接松动、破损、连接引线断股、脱落、螺栓缺失等现象。 避雷器动作指示器是否存在图文不清、进水和表面破损、误指示等现象。 避雷器均压环是否存在缺失、脱落、移位现象。 避雷器底座金属表面是否出现锈蚀或油漆脱落现象。 避雷器是否有倾斜现象,引流线是否过紧。 避雷器连接部位是否出现发热或温度异常现象
	接地装置	接地箱箱体(含门、锁)是否缺失、损坏,基础是否牢固可靠。 主接地引线是否接地良好,焊接部位是否做防腐处理。 接地类设备与接地箱、接地母排及接地网是否连接可靠,是否松动、断开。 同轴电缆、接地单芯引线或回流线是否缺失、受损
	在线监测装置	在线监测硬件装置是否完好。 在线监测装置数据传输是否正常。 在线监测系统运行是否正常
附属设施	电缆支架	电缆支架是否稳固,是否存在缺件、锈蚀、破损现象。 电缆支架接地是否良好
	标识标牌	电缆线路铭牌、接地箱铭牌、警告牌、相位标识牌是否缺失、清晰、正确。 路径指示牌(桩、砖)是否缺失、倾斜
	防火设施	防火槽盒、防火涂料、防火阻燃带是否存在脱落现象。 变电所或电缆隧道出入口是否按设计要求设置防火封堵措施

5. 通道巡视检查要求及内容

(1)通道巡视应对通道周边环境、施工作业等情况进行检查,及时发现和掌握通道环境的动态变化情况。

(2)在确保对电缆巡视到位的基础上宜适当增加通道巡视次数,对通道上的各类隐患或危险点安排定点检查。

(3)对电缆及通道靠近热力管或其他热源、电缆排列密集处,应进行电缆环境温度、土壤温度和电缆表面温度监视测量,以防环境温度过高或电缆过热对电缆产生不利影响。

(4)电缆通道巡视检查的要求及内容按照表 2-3 执行。

6. 通道维护

1)一般要求

(1)通道维护主要包括通道修复、加固、保护和清理等工作。

(2)通道维护原则上不需停电,宜结合巡视工作同步完成。

(3)维护人员在工作中应随身携带相关资料、工具、备品备件和个人防护用品。

(4)在通道维护可能影响电缆安全运行时,应编制专项保护方案,施工时应采取必要的安全保护措施,并应设专人监护。

表 2-3　电缆通道巡视检查的要求及内容

巡视对象		要求及内容
通道	直埋电缆通道	电缆相互之间,电缆与其他管线、构筑物基础等最小允许间距是否满足要求。 电缆周围是否有石块或其他硬质杂物,以及酸、碱强腐蚀物等
	电缆沟	电缆沟墙体是否有裂缝,附属设施是否故障或缺失。 竖井盖板是否缺失,爬梯是否锈蚀、损坏。 电缆沟接地网接地电阻是否符合要求
	隧道	隧道出入口是否有障碍物; 隧道出入口门锁是否锈蚀、损坏。 隧道内是否有易燃、易爆或腐蚀性物品,是否有引起温度持续升高的设施。 隧道内地坪是否倾斜、变形及渗水。 隧道墙体是否有裂缝,附属设施是否故障或缺失。 隧道通风亭是否有裂缝、破损。 隧道内支架是否锈蚀、破损。 隧道接地网接地电阻是否符合要求。 隧道内电缆位置正常,无扭曲,外护层无损伤,电缆运行标识清晰齐全;防火墙、防火涂料、防火包带完好无缺,防火门开启正常。 隧道内电缆接头无变形,防水密封良好;接地箱无锈蚀,密封、固定良好。 隧道内同轴电缆、保护电缆、接地电缆外皮无损伤,密封良好,接触牢固。 隧道内接地引线无断裂,紧固螺丝无锈蚀,接地可靠。 隧道内电缆固定夹具构件、支架,无缺损、无锈蚀,牢固无松动。 现场检查有无白蚁、老鼠咬伤电缆。 隧道投料口、线缆孔洞封堵是否完好。 隧道内其他管线有无异常状况。 隧道通风、照明、排水、消防、通信、监控、测温等系统或设备是否运行正常,是否存在隐患和缺陷
	工作井	工作井内是否长期存在积水现象,地下水位较高、工作井内易积水的区域敷设的电缆是否采用阻水结构。 工作井是否出现基础下沉、墙体坍塌、破损现象。 盖板是否存在缺失、破损、不平整现象。 盖板是否压在电缆本体、接头或者配套辅助设施上。 盖板是否影响行人、过往车辆安全
	排管	排管包封是否破损、变形。 排管包封混凝土层厚度是否符合设计要求,钢筋层结构是否裸露。 预留管孔是否采取封堵措施

续表 2-3

巡视对象		要求及内容
通道	电缆桥架	电缆桥架上的电缆保护管、沟槽是否脱开或锈蚀，盖板是否有缺损。 电缆桥架是否出现倾斜、基础下沉、覆土流失等现象，桥架与过渡工作井之间是否产生裂缝和错位现象。 电缆桥架主材是否存在损坏、锈蚀现象
	水底电缆	水底电缆管道保护区内是否有挖砂、钻探、打桩、抛锚、拖锚、底拖捕捞、张网、养殖或者其他可能破坏海底电缆管道安全的水上作业。 水底电缆管道保护区内是否发生违反航行规定的事件。 邻近河(海)岸两侧是否有受潮水冲刷的现象，电缆盖板是否露出水面或移位，河岸两端的警告牌是否完好
	其他	电缆通道保护区内是否存在土壤流失，造成排管包封、工作井等局部点暴露或者导致工作井、沟体下沉，盖板倾斜。 电缆通道保护区内是否修建建筑物、构筑物。 电缆通道保护区内是否有管道穿越、开挖、打桩、钻探等施工。 电缆通道保护区内是否被填埋。 电缆通道保护区内是否倾倒化学腐蚀物品。 电缆通道保护区内是否有热力管道或易燃易爆管道泄漏现象。 终端站、终端塔(杆)、T 接平台周围有无影响电缆安全运行的树木、爬藤、堆物及违章建筑等

2)维护内容

(1)更换破损的井盖、盖板、保护板，补全缺失的井盖、盖板、保护板。

(2)维护工作井止口。

(3)清理通道内的积水、杂物。

(4)维护隧道人员进出竖井的楼梯(爬梯)。

(5)维护隧道内的通风、照明、排水设施和低压供电系统。

(6)维护电缆沟及隧道内的阻火隔离设施、消防设施。

(7)修剪、砍伐电缆终端塔(杆)、T 接平台周围安全距离不足的树枝和藤蔓。

(8)修复存在连接松动、接地不良、锈蚀等缺陷的接地引下线。

(9)更换缺失、褪色和损坏的标桩、警示牌和标识标牌，及时校正倾斜的标桩、警示牌和标识标牌。

(10)对锈蚀电缆支架进行防腐处理，更换或补装缺失、破损、严重锈蚀的支架部件。

(11)保护运行电缆管沟可采用贝雷架、工字钢等设施，做好悬吊、支撑保护，悬吊保护时应对电缆沟体或排管进行整体保护，禁止直接悬吊裸露电缆。

(12)绿化带或人行道内的电缆通道改变为慢车道或快车道,应进行迁改。在迁改前应要求相关方根据承重道路标准采取加固措施,对工作井、排管、电缆沟体进行保护。

(13)有挖掘机、吊车等大型机械通过非承重电缆通道时,应要求相关方采取上方垫设钢板等保护措施,保护措施应防止噪声扰民。

(14)电缆通道所处环境改变致使工作井或沟体的标高与周边不一致时,应采取预制井筒或现浇方式将工作井或沟体标高进行调整。

7. 巡视注意事项及工器具

(1)电缆及通道巡视期间,应对进入有限空间的检查、巡视人员开展安全交底、危险点告知等,交底告知内容包括:

①有限空间存在的危险点及控制措施和安全注意事项;

②进出有限空间的程序及相关手续;

③检测仪器和个人防护用品等设备的正确使用方法;

④应急逃生预案。

(2)为检查、巡视人员配备符合国家标准要求的检测设备、照明设备、通信设备、应急救援设备和个人防护用品,每人一份,主要内容如表2-4所示。

表2-4 巡视人员个人用品配备

序号	个人用品
1	便携式气体检测仪,应选用氧气、可燃气、硫化氢、一氧化碳四合一复合型气体检测仪
2	头盔灯或手电(防爆型)
3	对讲机
4	正压隔绝式逃生呼吸器
5	安全帽、手套等
6	测距仪
7	照相机
8	录音笔
9	手持式智能巡检终端(RFID等)

(3)安全措施要求:

①进入有限空间前,应先进行机械通风,经气体检测合格后方可进入;

②进入有限空间,通道内应始终保持机械通风,人员携带的便携式气体检测仪应开启并连续监测气体浓度;

③通道内应急逃生标识标牌挂设应准确,逃生路径应通畅,应急逃生口应开启并设专人驻守;

④照明、排水、消防、有毒气体等设备应运行正常且监测数据符合要求;

⑤广播系统或有线电话等应急通信系统应运行正常；

⑥消防系统应调整至手动状态，并派专人值守；

⑦监控中心应设置专人监护。

（二）分级及差异化运维

高压电缆通道分级是电缆运维管理的重要手段，因此有必要对110(66)kV及以上电缆及通道分级，对定为一、二级的电缆通道开展风险评估并制订风险治理计划。

1. 高压电缆分级标准

(1)一级电缆：交流330 kV及以上高压电缆线路；直流±320 kV及以上高压电缆线路；特级和一级客户直供的110(66)kV及以上高压电缆线路。

(2)二级电缆：二级客户直供的110(66)kV及以上高压电缆线路。

(3)三级电缆：未列入一、二级的110(66)kV及以上电缆线路。

2. 高压电缆通道分级标准

(1)一级高压电缆通道：因通道原因可造成4级及以上电网事件的高压电缆通道；因通道原因可造成220 kV及以上变电站全停的高压电缆通道，或造成3座及以上110(66)kV变电站全停的高压电缆通道；因通道原因可造成特级和一级客户(含各电压等级电缆直供)失电的高压电缆通道。

(2)二级高压电缆通道：因通道原因可造成5级电网事件的高压电缆通道；因通道原因可造成2座及以下110(66)kV变电站全停的高压电缆通道；一级电缆所在的通道，且不会因通道原因造成该一级电缆直供变电站或客户失电的高压电缆通道；因通道原因可造成二级客户(含各电压等级电缆直供)失电的高压电缆通道。

(3)三级高压电缆通道：未列入一、二级的电缆通道。

3. 高压电缆通道内中性点非有效接地方式的电力电缆管理要求

高压电缆通道内中性点非有效接地方式不能及时切除电缆单相接地故障，极易造成火灾事故。因此，在日常运维管理中，应重点检查中性点非有效接地方式电力电缆防火措施落实情况，特别是一、二级高压电缆及通道的防火措施。

(1)应梳理高压电缆通道内中性点非有效接地方式电力电缆线路清单，并书面报送所属调度部门，要求发生单相接地故障时立即拉开故障线路，不允许带故障运行。

(2)高压电缆隧道、沟道中的中性点非有效接地且允许带故障运行的配网电缆，综合考虑高压电缆通道级别、风险状态和防火措施落实情况，逐步疏导至其他通道。

(3)隧道、沟道、综合管廊电力舱内敷设的中性点非有效接地方式电力电缆线路，应开展中性点接地方式改造，或做好防火隔离措施，并在发生接地故障时立即拉开故障线路。

(4)隧道、沟道、综合管廊电力舱、桥架和工井内高压电缆与其他中性点非有效接地方式的电力电缆线路间，应全线加装防火隔板、防火槽盒等防火隔离措施。

(5)隧道内同侧敷设的中性点非有效接地66 kV电缆回路间应全线加装防火隔板、防火槽盒等防火隔离措施。

(6)高压电缆通道内中性点非有效接地方式电力电缆的接头应加装防火槽盒、防火隔板或防火毯等防火隔离措施。

(7)隧道、沟道等高压电缆通道应按设计规程要求设置适当的阻火分隔，阻火分隔包括防火门、防火墙、耐火隔板与封闭式耐火槽盒。

(8)应加强高压电缆通道内中性点非有效接地方式电力电缆线路状态检(监)测工作,66 kV 电缆线路应加强红外、局部放电、环流等带电检(监)测。

4. 高压电缆及通道的差异化巡检

按照《电力电缆及通道运维规程》(Q/GDW 1512—2014)、《高压电缆状态检测技术规范》(Q/GDW 11223—2014)开展巡检工作,并依据高压电缆及通道的分级结果,合理调整巡检周期,落实差异化要求。具体如下:

(1)一级高压电缆及通道:330 kV 及以上高压电缆线路红外成像、接地电流检测周期不应超过 30 天,剩余一级高压电缆线路检测周期不应超过 45 天;每年应至少开展 1 次局部放电检测工作,针对冬季低气温、夏季大负荷等情况,宜根据实际情况缩短检测周期或采取 24 h 监测;通道内部巡视周期不应超过 45 天,地面巡视周期不应超过 15 天;危急、严重缺陷,随时发现、随时处理,一般缺陷 90 天内处理。

(2)二级高压电缆及通道:高压电缆线路红外成像、接地电流检测周期不应超过 90 天,每年宜开展 1 次局部放电检测工作;通道内部巡视周期不应超过 90 天,地面巡视周期不应超过 15 天;危急、严重缺陷,随时发现、随时处理,一般缺陷 180 天内处理。

(3)三级高压电缆及通道:巡视、检测和处理缺陷等工作按照相关制度、标准要求执行。

(三)状态评价及缺陷、隐患管理

运维单位应以电网设备数据为基础,采用各类信息化管理手段(如高压电缆精益化管理平台等),以及各类带电检(监)测(如红外检测、接地环流检测等)、停电试验手段,利用电网设备状态检修辅助决策系统开展设备状态评价,掌握设备发生故障之前的异常征兆与劣化信息,事前采取针对性措施控制,防止故障发生,减少故障停运时间与停运损失,提高设备利用率,并进一步指导优化电网运维、检修工作。应积极开展电网设备状态评价工作,配备必要的仪器设备,实行专人负责。设备应自投入运行之日起纳入状态评价工作。

1. 状态信息收集

(1)状态信息收集应坚持准确性、全面性与时效性的原则,各相关专业部门应根据运维单位需要及时提供信息资料。

(2)信息收集应通过内部、外部多种渠道获得,如通过现场巡视、现场检测(试验)、信息系统、95598、市政规划建设等获取电网设备的运行情况与外部运行环境等信息。

(3)运维单位应制订定期收集配电网运行信息的方法,对于收集的信息,运维单位应进行初步的分类、分析判断与处理,为开展状态评价提供正确依据。

(4)设备投运前状态信息收集:

①出厂资料(包括型式试验报告、出厂试验报告、性能指标等);

②交接验收资料。

(5)设备运行中状态信息收集:

①运行环境和污区划分资料;

②巡视记录;

③修试记录；

④故障(异常)记录；

⑤缺陷与隐患记录；

⑥状态检测记录；

⑦超载运行记录；

⑧其他相关电网运行资料。

(6)同类型设备应参考家族性缺陷信息。

2. 状态评价内容

(1)依据状态评价结果，针对电缆及通道运行状况，实施状态管理工作。

(2)对于自身存在缺陷和隐患的电缆及通道，应加强跟踪监视，增加带电检测频次，及时掌握隐患和缺陷的发展状况，采取有效的防范措施。有条件时可对重要电缆线路采用带电检测或在线监测等技术手段开展状态监测。

(3)对自然灾害频发和外力破坏严重区域，应采取差异化巡视策略，并制定有针对性的应急措施。

(4)恶劣天气和运行环境变化有可能威胁电缆及通道安全运行时，应加强巡视，并采取有效的安全防护措施，做好安全风险防控工作。

(5)设备状态评价应按照《电缆线路状态评价导则》(Q/GDW 456—2010)等技术标准，通过停电试验、带电检测、在线监测等技术手段，收集设备状态信息，应用状态检修辅助决策系统，开展设备状态评价。运维单位应开展定期评价和动态评价：

①定期评价 110 kV 及以上电缆 1 年 1 次；

②新设备投运后首次状态评价应在 1 个月内组织开展，并在 3 个月内完成；

③故障修复后设备状态评价应在 2 周内完成；

④缺陷评价随缺陷处理流程完成，家族缺陷评价在上级家族缺陷发布后 2 周内完成；

⑤不良工况评价在设备经受不良工况后 1 周内完成；

⑥特殊时期专项评价应在开始前 1~2 个月内完成。

(6)设备状态评价结果分为以下四个状态：

①正常状态：设备运行数据稳定，所有状态量符合标准；

②注意状态：设备的几个状态量不符合标准，但不影响设备运行；

③异常状态：设备的几个状态量明显异常，已影响设备的性能指标或可能发展成严重状态，设备仍能继续运行；

④严重状态：设备状态量严重超出标准或严重异常，设备只能短期运行或需要立即停役。

3. 状态评价结果

(1)对于正常状态、注意状态设备，可适当简化巡视内容、延长巡视周期；对于架空线路通道、电缆线路通道，巡视周期不得延长。

(2)对于异常状态设备，应进行全面仔细地巡视，并缩短巡视周期，确保设备运行状态的可控、在控。

(3)对于严重状态设备，应进行有效监控。

(4)根据评价结果,按照《电缆线路状态评价导则》(Q/GDW 456—2010)制定检修策略。

4. 缺陷管理

电缆及通道缺陷分为危急缺陷、严重缺陷、一般缺陷三类。

(1)危急缺陷:严重威胁设备的安全运行,不及时处理,随时有可能导致事故的发生,必须尽快消除或采取必要的安全技术措施进行处理的缺陷。

(2)严重缺陷:设备处于异常状态,可能发展为事故,但设备仍可在一定时间内继续运行,须加强监视并进行大修处理的缺陷。

(3)一般缺陷:设备本身及周围环境出现不正常情况,一般不威胁设备的安全运行,可列入小修计划进行处理的缺陷。

缺陷主要发现途径包括巡视、检测、检修、交接验收等。缺陷管理为闭环管理体制,包括从缺陷发现、缺陷审核、缺陷处理、验收闭环的全过程。运维班组发现缺陷后,上报给检修公司专责,经过逐级审核后,安排检修班组进行消缺。

5. 状态检修

状态检修是指对电缆巡视、检测发现的状态量超过状态控制值的部位或区段进行检修维护和修理的过程,是企业以安全、环境、成本为基础,通过设备状态评价、风险评估、检修决策等手段开展设备检修工作,达到设备运行安全可靠、检修成本合理的一种检修策略。电缆线路状态检修工作内容包括停电、不停电测试和试验,以及停电、不停电检修维护工作。

一般按照工作性质、内容及涉及范围,可将电缆线路检修工作分为四类:A 类检修、B 类检修、C 类检修、D 类检修。其中,A、B、C 类检修是停电检修,D 类检修是不停电检修。

A 类检修是指电缆线路的整体解体性检查、维修、更换和试验。B 类检修是指电缆线路局部性的检修,部件的解体检查、维修、更换和试验。C 类检修是指对电缆线路常规性的检查、维护和试验。D 类检修是指对电缆线路在不停电状态下的带电测试、外观检查和维修。

电缆线路的检修分类和检修项目见表 2-5。

(四)档案资料管理

电缆及通道资料应有专人管理,建立图纸、资料清册,做到目录齐全、分类清晰、一线一档、检索方便。根据电缆及通道的变动情况,及时动态更新相关技术资料,确保与线路实际情况相符。

1. 电缆工程竣工资料

(1)电缆线路工程施工依据性文件,包括经规划部门批准的电缆路径图(简称规划路径批件)、施工图设计书等。

(2)土建及电缆构筑物相关资料。

(3)电缆线路安装的过程性文件,包括电缆敷设记录、接头安装记录、设计修改文件和修改图、电缆护层绝缘测试记录、油样试验报告,以及压力箱、信号箱、交叉互联箱和接地箱安装记录。

表 2-5 电缆线路的检修分类和检修项目

检修分类	检修项目
A 类检修	1. 电缆更换； 2. 电缆附件更换
B 类检修	1. 主要部件更换及加装； 2. 更换少量电缆； 3. 更换部分电缆附件； 4. 其他部件批量更换及加装； 5. 交叉互联箱更换； 6. 更换回流线； 7. 主要部件处理； 8. 更换或修复电缆线路附属设备； 9. 修复电缆线路附属设施； 10. 诊断性试验； 11. 交直流耐压试验
C 类检修	1. 绝缘子表面清扫； 2. 电缆主绝缘绝缘电阻测量； 3. 电缆线路过电压保护器检查及试验； 4. 金具紧固检查； 5. 护套及内衬层绝缘电阻测量； 6. 其他
D 类检修	1. 修复基础、护坡、防洪、防碰撞设施； 2. 带电处理线夹发热问题； 3. 更换接地装置； 4. 安装或修补附属设施； 5. 回流线修补； 6. 电缆附属设施接地连通性测量； 7. 红外测温； 8. 环流测量； 9. 在线或带电测量； 10. 其他不需要停电试验项目

（4）由设计单位提供的整套设计图纸。

（5）由制造厂提供的技术资料，包括产品设计计算书、技术条件、技术标准、电缆附件安装工艺文件、产品合格证、产品出厂试验记录及订货合同。

（6）由设计单位和制造厂商签订的有关技术协议。

（7）电缆线路竣工试验报告。

（8）与多条电缆线路相关的技术资料为共同性资料，主要包括电缆线路总图、电缆网络系统接线图、电缆在管沟中的排列位置图、电缆接头和终端的装配图、电缆线路土建设施的工程结构图等。

2. 电缆运行资料

运行资料包括：

(1)相关法律法规、规程、制度和标准。

(2)竣工资料。

(3)设备台账：

①电缆设备台账，应包括电缆的起讫点、电缆型号规格、附件型式、生产厂家、长度、敷设方式、投运日期等信息。

②电缆通道台账，应包括电缆通道地理位置、长度、断面图等信息。

③备品备件清册。

(4)实物档案：

①特殊型号电缆的截面图和实物样本。截面图应注明详细的结构和尺寸，实物样本应标明线路名称、规格型号、生产厂家、出厂日期等。

②电缆及附件典型故障样本，应注明线路名称、故障性质、故障日期等。

(5)生产管理资料：

①年度技改、大修计划及完成情况统计表。

②状态检修、试验计划及完成情况统计表。

③反事故措施计划。

④状态评价资料。

⑤运行维护设备分界点协议。

⑥故障统计报表、分折报告。

⑦年度运行工作总结。

(6)运行资料：

①巡视检查记录。

②外力破坏防护记录。

③隐患排查治理及缺陷处理记录。

④温度测量(电缆本体、附件、连接点等)记录。

⑤相关带电检测记录。

⑥电缆通道可燃、有害气体监测记录。

⑦单芯电缆金属护层接地电流监测记录。

⑧土壤温度测量记录。

3. 档案资料管理要求

(1)档案资料管理包括文件材料的收集、整理、完善、录入、归档、保管、备份、借用、销毁等工作。

(2)档案资料管理坚持“谁主管、谁负责，谁形成、谁整理”的原则，应与检修业务开展同步进行资料收集整理，检修业务完成后及时归档档案资料。

(3)各级单位档案部门负责对本单位运维检修项目档案工作进行监督、检查、指导，确保运维检修项目档案的齐全完整、系统规范，并根据需要做好运维检修档案的接收、保管和利用工作。

(4)资料和图纸应根据现场变动情况及时做出相应的修改和补充，与现场情况保持一致，并将资料信息及时录入运检管理系统和GIS等信息系统。

(5)文件材料归档范围包含《国家重大建设项目文件归档要求与档案整理规范》(DA/T 28—2002)所列内容及备品备件、电缆检修报告，应确保归档文件材料的齐全完整、真实准确、系统规范。

(6)建设项目归档文件和案卷质量应符合《科学技术档案案卷构成的一般要求》(GB/T 11822—2008)和《国家重大建设项目文件归档要求与档案整理规范》(DA/T 28—2002)的要求。

(7)建设项目所形成的全部项目文件应按档案管理的要求，在档案人员的指导下，由文件形成单位(部门)按照《供电企业档案分类表》进行整理。

(8)归档文件材料应齐全、完整、准确，符合其形成规律；分类、组卷、排列、编目应规范、系统。

(9)各种原材料及构件出厂证明、质保书、出厂试验报告、复测报告要齐全、完整；证明材料字迹清楚、内容规范、数据准确，以原件归档；水泥、钢材等主要原材料的使用都应编制跟踪台账，说明在工程项目中的使用场合、位置，使其具有可追溯性。

(10)各类记录表格必须符合规范要求，表格形式应统一。各项记录填写必须真实可靠、字迹清楚，数据填写详细、准确，不得漏缺项，没有内容的项目要划掉。

(11)设计变更、施工质量处理、缺陷处理报告等，应有闭环交代的详细记录(包括调查报告，分析、处理意见，处理结论及消缺记录，复检意见与结论等)。

(12)档案移交应通过档案信息管理系统进行，设计院的CAD竣工图应转换成版式文件通过档案信息管理系统进行移交；在移交纸质文件的同时，应移交同步形成的电子、音像文件。归档的电子文件应包括相应的背景信息和元数据，并采用《电子文件归档与管理规范》(GB/T 18894—2002)要求的格式。

(13)电子文件整理时应写明电子文件的载体类型、设备环境特征；载体上应贴有标签，标签上应注明载体序号、档号、保管期限、密级、存入日期等；归档的磁性载体应是只读型。

(14)移交的录音、录像文件应保证载体的有效性、内容的系统性和整理的科学性。声像材料整理时应附文字说明，对事由、时间、地点、人物、背景、作者等内容进行著录，并同时移交电子文件。

二、电缆线路接地环流检测

接地环流检测主要通过电流互感器或电流表实现，电流互感器是依据电磁感应原理将一次侧大电流转换成二次侧小电流来测量，在工作时，二次侧回路始终是闭合的，测量仪表和保护回路串联线圈的阻抗很小，电流互感器的工作状态接近短路。

(一)引用的规程规范

(1)国家电网公司《电力安全工作规程 线路部分》(Q/GDW 1799.2—2013)。

(2)《国家电网公司十八项电网重大反事故措施》(修订版)。

(3)《电力电缆及通道运维规程》(Q/GDW 1512—2014)。

(4)《电力电缆及通道检修规程》(Q/GDW 11262—2014)。

(5)《高压电缆线路试验规程》(Q/GDW 11316—2018)。

(6)《高压电缆状态检测技术规范》(Q/GDW 11223—2014)。

(7)《国网四川省电力公司关于印发高压电缆带电检测和试验工作指导意见的通知》(川电设备〔2020〕25 号)。

(二)检测要求

1. 现场检测要求

(1)检测前钳型电流表处于正确的挡位,量程由大至小调节。

(2)测试接地电流应记录当时的负荷电流。

(3)按照要求记录接地电流异常互联段、缺陷部位、实际负荷,互联段内所有互联线、接地线的接地电流。

2. 检测周期要求

依据《高压电缆线路试验规程》(Q/GDW 11316—2018),电缆接地环流检测的检测周期如表 2-6 所示。

表 2-6　电缆接地环流检测的检测周期

电压等级	周期	说明
110(66)kV	1. 投运或大修后 1 个月内 2. 其他 6 个月 1 次 3. 必要时	1. 当电缆线路负荷较重,或迎峰度夏期间应适当缩短检测周期。 2. 对运行环境差、设备陈旧及缺陷设备要增加检测次数。 3. 可根据设备的实际运行情况和测试环境做适当的调整。 4. 金属护层接地环流在线监测可替代外护层接地电流的带电检测
220 kV	1. 投运或大修后 1 个月内 2. 其他 3 个月 1 次 3. 必要时	
330 kV 及以上	1. 投运或大修后 1 个月内 2. 其他 1 个月 1 次 3. 必要时	
一级电缆通道内部电缆	检测周期不超过 45 天	
二级电缆通道内部电缆	检测周期不超过 90 天	

(三)准备工作

1. 危险点及其预控措施

1)危险点——触电伤害

(1)测量接地环流时,要佩戴绝缘手套,穿绝缘鞋。

(2)测量接地环流时必须设置专人监护。

2)危险点——高处坠落伤人

(1)下井作业人员必须具备符合本项作业要求的身体状况、精神状态和技能素质。

(2)作业人员进入超过 2 m 深的电力井时,必须使用安全带,在井口设置救援三脚架并配置速差自锁保护器,安全带要牢固系在救援三脚架上。

(3)监护人员应随时纠正其不规范或违章动作,重点关注作业人员在下井的过程中不得失去安全带的保护。

3)危险点——高处落物伤人

(1)下井人员的个人工具及零星材料应装入工具袋,严禁在井口边缘放置物件、口中含物。

(2)作业人员必须正确佩戴安全帽。

(3)材料和工器具应采取安全可靠的传递方法,不得抛掷。

(4)作业现场设置围栏并挂好警示标志。监护人员应随时纠正作业人员的不规范或违章动作,禁止非工作人员及车辆进入作业区域。

4)危险点——有限空间作业

(1)进入有限空间进行作业前,必须严格实行作业审批制度;所有作业人员必须进行安全培训,并经培训教育考试合格。

(2)进入有限空间进行作业前,必须制定应急处置措施,准备齐全正压式逃生呼吸器等应急设备和装置。

(3)进入有限空间前,应先进行机械通风,经气体检测合格后方可进入。

(4)进入有限空间,通道内应始终保持机械通风,人员携带的便携式气体检测仪应保持开启并连续监测气体浓度,定期记录气体监测数据。

(5)通道内应急逃生标识标牌挂设应准确,逃生路径应通畅,应急逃生口应开启并设专人驻守。

(6)电缆通道内照明、排水、消防、有毒气体监测等设备应运行正常,且监测数据符合要求。

(7)对讲机或有线电话等应急通信设备应运行正常。

5)危险点——交通事故伤害

(1)当作业点井口位于道路上或道路边时,井口应设置围栏,并面向来车方向设置醒目的警示标志。

(2)安排专人对来往车辆进行疏导,避免车辆进入作业区域。

6)危险点——伤及带电电缆

(1)开启井盖前,检查井盖与井座铰链处是否连接完好。开启或关闭井盖时应动作轻缓,防止井口杂物或井盖落入通道内伤及带电电缆。

(2)测量接地环流时,应注意防止检测仪器伤及电缆接地线外护套。

2. 工器具及材料选择

本检测所需要的工器具及材料如表 2-7 所示。

表 2-7 接地环流检测所需工器具及材料

序号	名称	规格型号	单位	数量	备注
1	便携式气体检测仪	应选用氧气、可燃气、硫化氢、一氧化碳四合一复合型	台	按作业人数配置	每人1台
2	头盔灯或手电	防爆型	台	按作业人数配置	每人1台
3	对讲机		台	按作业人数配置	每人1台
4	正压隔绝式逃生呼吸器		套	按作业人数配置	每人1套
5	安全帽、绝缘手套、绝缘鞋等		套	按作业人数配置	每人1套
6	钳形电流表		台	按作业人数配置	每人1台
7	照相机		台	按作业人数配置	每人1台
8	手持式智能巡检终端（RFID 等）		台	按作业人数配置	每人1台
9	测距仪		台	按作业人数配置	每人1台
10	风机		台	2	1用1备
11	发电机		台	1	风机电源

3. 作业人员分工

本任务共需要作业人员 4 人(其中工作负责人 1 人、接地环流检测人员 1 人、数据记录人员 1 人、应急逃生口值守人员 1 人),作业人员分工如表 2-8 所示。

表 2-8 接地环流检测作业人员分工

序号	工作岗位	数量(人)	工作职责
1	工作负责人(现场总指挥)	1	负责本次工作任务的人员分工、工作前的现场查勘,办理作业票相关手续、召开工作班前会、落实现场安全措施,负责作业过程中的安全监护、工作中突发情况的处理、工作质量的监督、工作后的总结等
2	接地环流检测人员	1	负责对电缆接地环流进行检测
3	数据记录人员	1	负责对电缆接地环流检测结果进行记录
4	应急逃生口值守人员	1	负责在应急逃生口进行值守,保证应急逃生口畅通无阻

(四)工作流程及操作示例图

1. 工作流程

本任务工作流程如表 2-9 所示。

2. 操作示例图

(1)设备及工器具的准备与检查,如图 2-1 所示。

表 2-9　接地环流检测工作流程

序号	作业内容	作业标准	安全注意事项	责任人
1	前期准备工作	1. 进行现场查勘。 2. 编写检测作业指导书。 3. 进行安全和技术交底	1. 现场作业人员正确戴安全帽,穿工作服、绝缘鞋,戴劳保手套。 2. 现场查勘至少由 2 人进行。 3. 检测作业指导书应编写规范	
2	设备及工器具的检查	对检测所需的设备、工器具进行清点、检验,确保设备、工器具完好并符合相关要求	逐一清点设备、工器具的数量、型号、功能是否正常	
3	检测准备	1. 完成作业审批。 2. 工作班人员符合作业条件。 3. 完成应急方案及措施。 4. 对所有检测所需的设备、工器具再次进行清点和检查,确保功能正常并符合相关要求,详见图 2-1。	1. 所有作业人员经安全教育培训,考试合格。 2. 已编制应急处置预案,准备齐全正压式逃生呼吸器等应急设备和装置	
4	现场布置	1. 作业现场设置围栏并挂好警示标志,详见图 2-2。 2. 电力井口超过 2 m 深时,在井口设置救援三脚架并配置速差自锁保护器。 3. 在电力通道入口处设置机械通风设备,若附近无取电电源,需配置发电机	1. 未满足现场布置措施的,严禁开始作业。 2. 发电机应可靠接地,并配备专用灭火器,发电机电源具备跳闸保护	
5	进入通道	1. 机械通风 30 min 以上,详见图 2-3,并经气体检测合格后,人员方可进入通道作业。 2. 开启通道井盖时,应注意动作轻缓。 3. 作业人员下井时,佩戴的安全带要牢固系在救援三脚架上	1. 通道内应始终保持机械通风。 2. 下井时,专人进行监护,下井人员始终不得失去安全带的保护。 3. 下井人员的个人工具及零星材料应装入工具袋,传递材料和工器具采取安全可靠的方法,不得抛掷	

续表 2-9

序号	作业内容	作业标准	安全注意事项	责任人
6	开展检测	1. 戴绝缘手套和穿绝缘鞋,打开钳形电流表并调至正确挡位,详见图 2-4,对接地环流进行测量。 2. 测量时,应对电缆接头或终端处 A、B、C 三相接地线和总接地线的环流分别进行测量。 3. 记录接地环流数据的同时,记录测量时间,便于查询负荷电流。 4. 测量接地环流时应由专人进行监护,详见图 2-5	1. 人员携带的便携式气体检测仪应保持开启并连续监测气体浓度,每 0.5 h 记录气体监测数据。 2. 对讲机等应急通信设备应始终运行正常	
7	汇总分析	检测工作完成后,当天对测量数据进行汇总和分析,发现异常情况及时记录并上报		

图 2-1　设备及工器具的准备与检查

(2)作业现场设置围栏并挂好警示标志,如图 2-2 所示。

(3)在电力通道入口处机械通风,如图 2-3 所示。

(4)打开钳形电流表并调至正确挡位,如图 2-4 所示。

(5)在专人监护下对接地环流进行测量,如图 2-5 所示。

三、电缆线路红外测温

红外测温技术就是将物体发出的不可见红外能量转变为可见的热图像,通过查看热图像,可以观察到被测目标的整体温度分布状况,分析被测物体的发热情况。

(一)引用的规程规范

(1)国家电网公司《电力安全工作规程 线路部分》(Q/GDW 1799.2—2013)。

图 2-2　现场设置围栏并挂好警示标志

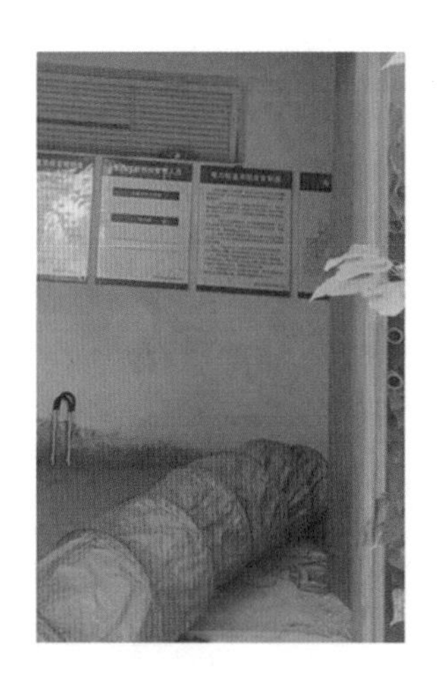

图 2-3　在电力通道入口处机械通风

图 2-4　测试前钳形电流表调至正确挡位

(2)《国家电网公司十八项电网重大反事故措施》(修订版)。

(3)《电力电缆及通道运维规程》(Q/GDW 1512—2014)。

(4)《电力电缆及通道检修规程》(Q/GDW 11262—2014)。

(5)《高压电缆线路试验规程》(Q/GDW 11316—2018)。

(6)《高压电缆状态检测技术规范》(Q/GDW 11223—2014)。

(7)《带电设备红外诊断应用规范》(DL/T 663—2016)。

(8)《国网四川省电力公司关于印发高压电缆带电检测和试验工作指导意见的通知》(川电设备〔2020〕25 号)。

(二)检测要求

1. 检测环境要求

(1)风速一般不大于 0.5 m/s。

(2)设备通电时间不小于 6 h,最好在 24 h 以上。

图 2-5　专人监护下逐相对接地环流进行测量

(3)检测期间天气为阴天、夜间或晴天日落 2 h 后。

(4)被测设备周围应具有均衡的背景辐射,应尽量避开附近热辐射源的干扰,某些设备被检测时还应避开人体热源等的红外辐射。

(5)避开强电磁场,防止强电磁场影响红外热像仪的正常工作。

(6)被测设备是带电运行设备,应尽量避开视线中的封闭遮挡物,如门和盖板等。

(7)环境温度一般不低于 5 ℃,环境相对湿度一般不大于 85%;天气以阴天、多云为宜,夜间图像质量为佳;不应在雷、雨、雾、雪等气象条件下进行,检测时风速一般不大于 5 m/s。

(8)户外晴天要避开阳光直接照射或反射进入仪器镜头,在室内或晚上检测应避开灯光的直射,宜闭灯检测。

(9)检测电流致热型设备,最好在高峰负荷下进行。否则,一般应在不低于 30%的额定负荷下进行,同时应充分考虑小负荷电流对测试结果的影响。

2. 检测线路及设备要求

红外检测时,电缆应带电运行,且运行时间应该在 24 h 以上,并尽量移开或避开电缆与测温仪之间的遮挡物,如玻璃窗、门或盖板等;须对电缆线路各处分别进行测量,避免遗漏测量部位。

(1)正确选择被测设备的辐射率,特别要考虑金属材料的氧化对选取辐射率的影响,辐射率的选取:金属导体部位一般取 0. 9,绝缘体部位一般取 0. 92。

(2)在安全距离允许的范围下,红外仪器宜尽量靠近被测设备,使被测设备充满整个仪器的视场,以提高仪器对被测设备表面细节的分辨能力及测温精度,必要时,应使用中、长焦距镜头;户外终端检测一般需使用中、长焦距镜头。

(3)将大气温度、相对湿度、测量距离等补偿参数输入,进行修正,并选择适当的测温范围。

(4)一般先用红外热像仪对所有测试部位进行全面扫描,重点观察电缆终端和中间接头、避雷器、电缆终端上方引流线夹、交叉互联箱、接地箱、金属套接地点等部位。发现热像异常部位后,对异常部位和重点被测设备进行详细测量。

(5)为了准确测温或方便跟踪,应事先设定几个不同的方向和角度,确定最佳检测位置,并做上标记,以供今后的复测用,提高互比性和工作效率。

(6)记录被测设备的实际负荷电流、电压、被测物温度及环境参照体的温度值等。

3. 检测周期要求

依据《高压电缆线路试验规程》(Q/GDW 11316—2018),电缆红外检测周期如表2-10所示。

表2-10　电缆红外检测周期

电压等级	部位	周期	说明
35 kV	终端	1. 投运或大修后1个月内 2. 其他6个月1次 3. 必要时	1. 电缆接头具备检测条件的可以开展红外带电检测,不具备条件的可以采用其他检测方式代替。 2. 当电缆线路负荷较重时,或迎峰度夏期间、保电期间可根据需要适当增加检测次数
	接头	1. 投运或大修后1个月内 2. 其他6个月1次 3. 必要时	
110(66) kV	终端	1. 投运或大修后1个月内 2. 其他6个月1次 3. 必要时	
	接头	1. 投运或大修后1个月内 2. 其他6个月1次 3. 必要时	
220 kV	终端	1. 投运或大修后1个月内 2. 其他3个月1次 3. 必要时	
	接头	1. 投运或大修后1个月内 2. 其他3个月1次 3. 必要时	
330 kV及以上	终端	1. 投运或大修后1个月内 2. 其他1个月1次 3. 必要时	
	接头	1. 投运或大修后1个月内 2. 其他1个月1次 3. 必要时	
一级电缆通道内部电缆	终端	检测周期不超过45天	
	接头	检测周期不超过45天	
二级电缆通道内部电缆	终端	检测周期不超过90天	
	接头	检测周期不超过90天	

(三)准备工作

1. 危险点及其预控措施

1)危险点——触电伤害

(1)禁止用手直接触摸电缆表皮。

(2)红外测温时必须设置专人监护。

2)危险点——高处坠落伤人

(1)下井作业人员必须具备符合本项作业要求的身体状况、精神状态和技能素质。

(2)作业人员进入超过2 m深的电力井时,必须使用安全带,在井口设置救援三脚架并配置速差自锁保护器,安全带要牢固系在救援三脚架上。

(3)监护人员应随时纠正其不规范或违章动作,重点关注作业人员在下井的过程中不得失去安全带的保护。

3)危险点——高处落物伤人

(1)下井人员的个人工具及零星材料应装入工具袋,严禁在井口边缘放置物件、口中含物。

(2)作业人员必须正确佩戴安全帽。

(3)材料和工器具应采取安全可靠的传递方法,不得抛掷。

(4)作业现场设置围栏并挂好警示标志。监护人员应随时纠正作业人员的不规范或违章动作,禁止非工作人员及车辆进入作业区域。

4)危险点——有限空间作业

(1)进入有限空间进行作业前,必须严格实行作业审批制度;所有作业人员必须进行安全培训,并经培训教育考试合格。

(2)进入有限空间进行作业前,必须制定应急处置措施,准备齐全正压式逃生呼吸器等应急设备和装置。

(3)进入有限空间前,应先进行机械通风,经气体检测合格后方可进入。

(4)进入有限空间,通道内应始终保持机械通风,人员携带的便携式气体检测仪应保持开启并连续监测气体浓度,定期记录气体监测数据。

(5)通道内应急逃生标识标牌挂设应准确,逃生路径应通畅,应急逃生口应开启并设专人驻守。

(6)电缆通道内照明、排水、消防、有毒气体监测等设备应运行正常,且监测数据符合要求。

(7)对讲机或有线电话等应急通信设备应运行正常。

5)危险点——交通事故伤害

(1)当作业点井口位于道路上或道路边时,井口应设置围栏,并面向来车方向设置醒目的警示标志。

(2)安排专人对来往车辆进行疏导,避免车辆进入作业区域。

6）危险点——伤及带电电缆

（1）开启井盖前，首先检查井盖与井座铰链处是否连接完好，开启或关闭井盖时动作应轻缓，防止井口杂物或井盖落入通道内伤及带电电缆。

（2）红外测温时，应注意防止设备、工器具等伤及带电电缆。

2. 工器具及材料选择

本检测所需要的工器具及材料如表 2-11 所示。

表 2-11　红外测温所需工器具及材料

序号	名称	规格型号	单位	数量	备注
1	便携式气体检测仪	应选用氧气、可燃气、硫化氢、一氧化碳四合一复合型	台	按作业人数配置	每人 1 台
2	头盔灯或手电	防爆型	台	按作业人数配置	每人 1 台
3	对讲机		台	按作业人数配置	每人 1 台
4	正压隔绝式逃生呼吸器		套	按作业人数配置	每人 1 套
5	安全帽、手套等		套	按作业人数配置	每人 1 套
6	红外热像仪		台	1	每组 1 台
7	照相机		台	按作业人数配置	每人 1 台
8	手持式智能巡检终端（RFID 等）		台	按作业人数配置	每人 1 台
9	测距仪		台	按作业人数配置	每人 1 台
10	风机		台	2	1 用 1 备
11	发电机		台	1	风机电源
12	温度计		台	1	每组 1 台
13	湿度计		台	1	每组 1 台
14	风速仪		台	1	每组 1 台

3. 作业人员分工

本任务共需要作业人员 4 人（其中工作负责人 1 人、红外测温人员 1 人、数据记录人员 1 人、应急逃生口值守人员 1 人），作业人员分工如表 2-12 所示。

表 2-12　红外测温作业人员分工

序号	工作岗位	数量(人)	工作职责
1	工作负责人(现场总指挥)	1	负责本次工作任务的人员分工、工作前的现场查勘,办理作业票相关手续、召开工作班前会、落实现场安全措施,负责作业过程中的安全监护、工作中突发情况的处理、工作质量的监督、工作后的总结等
2	红外测温人员	1	负责进行红外测温检测
3	数据记录人员	1	负责对红外测温结果进行记录
4	应急逃生口值守人员	1	负责在应急逃生口进行值守,保证应急逃生口畅通无阻

(四)工作流程及操作示例图

1. 工作流程

本任务工作流程如表 2-13 所示。

表 2-13　红外测温工作流程

序号	作业内容	作业标准	安全注意事项	责任人
1	前期准备工作	1. 进行现场查勘。 2. 编写检测作业指导书。 3. 进行安全和技术交底	1. 现场作业人员正确戴安全帽,穿工作服、绝缘鞋,戴劳保手套。 2. 现场查勘至少由 2 人进行。 3. 检测作业指导书应编写规范	
2	设备及工器具的检查	对检测所需的设备、工器具进行清点、检验,确保设备、工器具完好并符合相关要求	逐一清点设备、工器具的数量、型号、功能是否正常	
3	检测准备	1. 完成作业审批。 2. 工作班人员符合作业条件。 3. 完成应急方案及措施。 4. 对所有检测所需的设备、工器具再次进行清点和检查,确保功能正常并符合相关要求,详见图 2-6	1. 所有作业人员经安全教育培训,考试合格。 2. 已编制应急处置预案,准备齐全正压式逃生呼吸器等应急设备和装置(进入通道测量时)	

续表 2-13

序号	作业内容	作业标准	安全注意事项	责任人
4	现场布置（进入通道测量时）	1. 作业现场设置围栏并挂好警示标志，详见图 2-7。 2. 电力井口超过 2 m 深时，在井口设置救援三脚架并配置速差自锁保护器。 3. 在电力通道入口处设置机械通风设备，若附近无取电电源，需配置发电机	1. 未满足现场布置措施的，严禁开始作业。 2. 发电机应可靠接地，并配备专用灭火器，发电机电源具备跳闸保护	
5	进入通道（进入通道测量时）	1. 机械通风 30 min 以上，详见图 2-8，并经气体检测合格后，人员方可进入通道作业。 2. 开启通道井盖时，应注意动作轻缓。 3. 作业人员下井时，佩戴的安全带要牢固系在救援三脚架上	1. 通道内应始终保持机械通风。 2. 下井时，专人进行监护，下井人员始终不得失去安全带的保护。 3. 下井人员的个人工具及零星材料应装入工具袋，传递材料和工器具采取安全可靠的方法，不得抛掷	
6	开展检测	1. 测量并记录作业现场温度、湿度、风速等参数，详见图 2-9。 2. 选择最佳测试角度和测试位置，在安全距离允许的范围下，红外仪器宜尽量靠近被测设备，详见图 2-10。 3. 打开红外热像仪，正确选择被测设备的辐射率。 4. 将大气温度、相对湿度、测量距离等补偿参数输入，进行修正，并选择适当的测温范围，详见图 2-11。 5. 先用红外热像仪对所有测试部位进行全面扫描，详见图 2-12；发现热像异常部位后对异常部位进行详细测量，详见图 2-13。 6. 记录被测设备的实际负荷电流、电压、被测物温度及环境参照体的温度值等。 7. 红外测温时应由专人进行监护，详见图 2-14	1. 人员携带的便携式气体检测仪应保持开启并连续监测气体浓度，每 30 min 记录气体监测数据（进入通道测量时）。 2. 对讲机等应急通信设备应始终运行正常（进入通道测量时）	
7	汇总分析	检测工作完成后，当天对测量数据进行汇总和分析，若发现异常情况及时记录并上报		

2. 操作示例图

(1)设备及工器具的准备及检查,如图 2-6 所示。

图 2-6　设备及工器具的准备及检查

(2)作业现场设置围栏并挂好警示标志(进入通道内作业时),如图 2-7 所示。

图 2-7　现场设置围栏并挂好警示标志

(3)在电力通道入口处机械通风(进入通道内作业时),如图 2-8 所示。

(4)测量并记录作业现场温度、湿度、风速等参数,如图 2-9 所示。

(5)选择最佳测试角度和测试位置,如图 2-10 所示。

图 2-8　在电力通道入口处机械通风

图 2-9　测量并记录温度、湿度、风速等参数

(6)正确选择被测设备的辐射率，输入大气温度、相对湿度、测量距离等补偿参数进行修正，并选择适当的测温范围，如图 2-11 所示。

(7)用红外热像仪对所有测试部位进行全面扫描，如图 2-12 所示。

图 2-10　选择最佳测试角度和测试位置

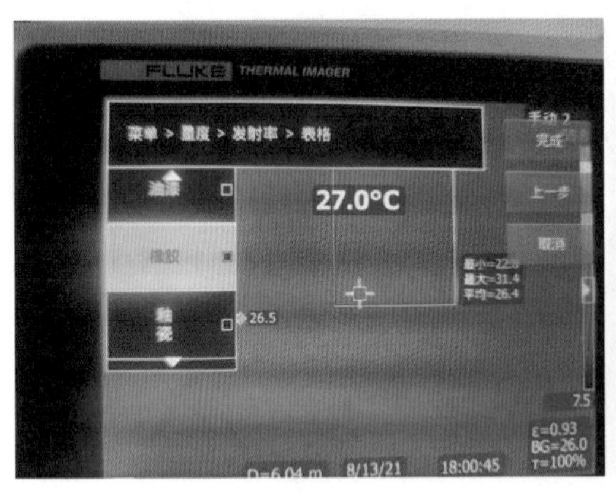

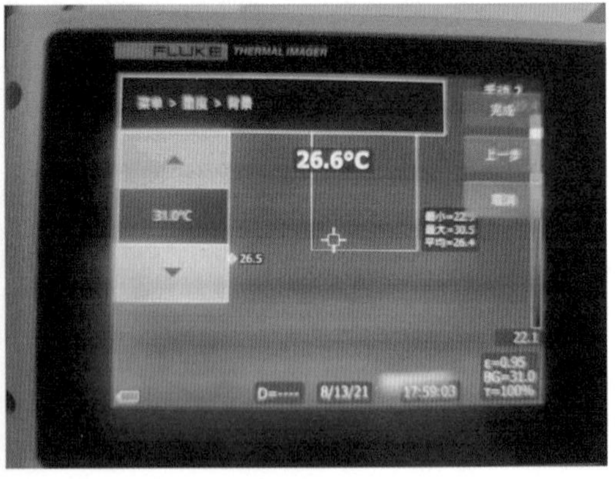

图 2-11　红外热像仪参数设置

(8)发现热像异常部位后对异常部位进行详细测量,如图 2-13 所示。

(9)在专人监护下进行红外测温,如图 2-14 所示。

图 2-12　用红外热像仪对所有测试部位进行全面扫描

图 2-13　发现热像异常部位后对异常部位进行详细测量

图 2-14　在专人监护下进行红外测温

第三节 电缆线路的检修

一、电缆的常规检修

随着城市化的进程,电力电缆的应用日益广泛,其数量急剧增长。在这样庞大而复杂的 10 kV 配电电缆网中,受电缆的生产工艺质量、施工方法不当、运行环境恶劣、运行维护不善等诸多因素影响,很容易造成电缆故障。在施工中由于某些特殊原因,电缆也存在带缺陷运行的情况。因此,及时准确地通过检修诊断出电缆内部缺陷,并加以消除,或者通过缩短巡视周期、提高检修频次等手段对缺陷进行监测、控制,进而为下一步检修提供充分的依据,才能更好地提高供电可靠性,提高优质服务水平。

电缆线路常规检修工作主要包括日常巡检、年检预试、故障检修等,其主要任务就是检查出电力电缆中存在的缺陷,并进行处理。本节介绍了常规检修内容和电缆线路故障的原因。

(一)常规检修内容

1. 日常巡检

日常巡检的巡检项目主要有通道检查、电缆外观检查、电缆工作井检查、电缆红外测温等巡检内容。

1)通道巡检要求(周期为 1 个月)

(1)盖板无缺损,设备标识、安全警示、线路标桩完整、清晰,散热盖板散热良好。

(2)电缆沟体上无违章建筑,未堆积建筑材料、废弃物或酸碱性排泄物,检查电缆线路保护区范围内应无不可控的施工。

(3)电缆通道周围路面正常,无影响通道结构和使用安全的沉降,无挖掘痕迹,无管线在建施工,电缆通道标识清晰、明显、正确。

(4)电缆支架构件无弯曲、变形、锈蚀、脱落;螺栓齐备,无缺损、松动;防火阻燃措施完善;焊点防腐措施完好。

(5)电缆双重名称和相位标识正确、齐全、清晰;电缆上杆塔处防护措施牢固、完整,并安装反光标识。

(6)水底电缆两边岸露出部分无变动,保护区范围内无水下作业和船只弃锚。

2)电缆外观检查(周期为 1 个季度)

(1)电缆终端外绝缘无破损、异物、脏污、结露,无明显的放电痕迹,无异味和异常响声;电缆终端头和避雷器固定牢固,连接部位良好,无过热现象;电缆接线端子无锈蚀;电缆引入间隔处封堵严密,封堵材料无脱落、塌陷现象。

(2)电缆屏蔽层及外护套接地良好。

(3)中间接头固定牢固,外观良好,无异常。

(4)引入室内的电缆入口封堵完好,电缆支架牢固,接地良好。

(5)电缆排列(外线电缆沟、电缆夹层)整齐、牢靠,且不受外力。

(6)电缆与墙角摩擦处、电缆转弯处防护良好,否则加小块绝缘垫防护并绑扎好。

(7)电缆线路与铁路、公路及排水沟交叉处无缺陷,无影响电缆正常工作的情况。

3)电缆工作井检查(周期为1个季度)

(1)井盖无缺损、遗失;工作井内无积水、杂物、杂草、淤泥。

(2)防火阻燃措施完善。

(3)备用管口未堵塞。

(4)工作井内电缆双重名称标牌正确、齐全、清晰。

4)电缆红外测温(周期为1个季度,高峰负荷时期应缩短测温周期)

电缆终端头及中间接头无异常温升,电缆三相同比无明显温差。

2. 年检预试

年检预试通常为三年一次(也可以根据需要增加),内容及要求如下:

(1)电缆主绝缘测试。应采用2 500 V及以上电压等级的兆欧表,要求电缆相间及对地绝缘大于1 000 MΩ,检测结果与初值相比,应无显著差别。

(2)主绝缘交流耐压试验。试验频率30~300 Hz,试验电压$2U_0$(U_0为相电压);加压时间5 min。或者试验电压$1.6U_0$,加压时间60 min。试验时无闪络、击穿现象,耐压试验前后,主绝缘绝缘电阻应无明显变化。

(3)外护套绝缘电阻测试。宜采用1 000 V兆欧表,电缆外护套绝缘电阻不小于0.5 MΩ·km。外护套铠装有引出线者,检查外护套有无损坏。

(4)接地电阻测试。要求接地电阻值不大于10 Ω且不大于初值的1.3倍。

3. 日常故障检修

日常故障检修必要时进行,内容及要求如下:

(1)电缆支架、卡具、接地扁钢紧固及更换。要求:外观良好,安装牢固。

(2)电缆线路上的标识及标示牌安装。要求:外观与原有的相符,安装牢固。

(3)电缆沟盖板更换。要求:整齐、牢靠,具有相应的承重能力。

(4)电缆避免受机械或人为损伤的防护装置维修、安装。要求:安装牢固,符合相关规范。

(5)电缆沟、电缆井、电缆层内积水、淤泥、杂物、鼠患、虫害清除。要求:清除并做好相关防范措施。

(6)电缆重新排列施工。要求:整齐、牢靠,且不受外力,电缆接头移动时,严格按照相关规程进行。

(7)电缆外护绝缘修复。要求:清洁破损处后用防水复合胶带缠绕密封,外层用PVC胶带保护,必要时进行外护套绝缘电阻测试。

(8)高压电缆中间接头、终端头制作。要求:应具有一定的机械强度、耐振动、耐腐蚀性能,其线芯接触电阻不应大于电缆线芯本体同长度电阻的1.2倍,机械强度不低于电缆本体的90%,绝缘性能应不低于电缆本体。

(9)故障电缆更换。要求:不改变原有电缆的特性。

(二)检修方式

1. 事故及临时停电检修

电缆管理部门接上级临时停电、故障停电通知后,通知资料管理部门提取相应的电缆线路路径图、电缆试验原始(历史)记录,立即组织人员进行检修。

工作班进入工作地点时,首先办理工作票(或者事故抢修单),工作负责人与工作许可人一同检查安全措施。工作票许可后,工作负责人带领工作班成员进入工作现场。

进入工作现场后,工作负责人向工作班成员宣读工作票,交待工作内容、工作范围、危险点及控制措施,工作班成员在工作票上签字后,方可对目标电缆进行检修。检修时认真核对间隔编号、电缆名称,并做好电缆对侧安全措施。

电缆线路故障修复后进行试验,试验合格后工作负责人会同工作许可人进行现场检查,确定人员已撤离、安全措施拆除、电缆孔洞封堵完好后,填写相关的修试记录并签字,方可结束工作票。

工作负责人填写试验报告及电缆接头、终端头制作记录,并将电缆线路故障点的性质、跳闸时间、供电时间、原因分析及测寻过程及时上报电缆管理部门,作为下一次检修的原始记录和依据。

2. 月度计划检修

(1)按上级停电检修计划和电缆线路的相关档案资料制订本部门月度检修计划。

(2)按照规定的时限向上级部门提出工作申请。

(3)工作申请许可后,准备工作当天所需要的人员、设备、工具、材料等。

(4)工作前,根据工作内容和工作量,安排工作负责人和工作班成员,并组织相关人员进行现场查勘,做好查勘记录。

(5)工作班进入工作地点时,首先办理工作票,工作负责人与工作许可人一起检查安全措施。工作票许可后,工作负责人带领工作班成员进入工作现场。

(6)列队由工作负责人向工作班成员宣读工作票,交代工作内容、工作范围、危险点及防范措施,并认真核对开关编号和电缆名称,工作班成员在工作票上签名后,方可开始工作。

(7)工作结束后,工作负责人会同工作许可人进行现场检查验收,确定工作任务已经完成、人员已撤离、电缆孔洞已经封堵完好、安全措施拆除、相关修试记录填写完毕后方可结束工作票。

(三)电力电缆故障发生的原因

电力电缆的生产、敷设、中间接头及终端头制造工艺、附件材料、运行环境等与电缆的运行情况密切相关。上述任何环节的疏漏,都将埋下电缆故障的隐患。分析与归纳电缆故障的原因和特点,大致如下:

(1)机械损伤。

(2)绝缘受潮。

(3)绝缘老化。

(4)过电压。

(5)过热。

(6)产品质量缺陷。

(7)设计不良。

(四)电力电缆故障的分类

电缆线路的故障,根据不同部门的需要,可以有如下不同的分类方式。

1. 按故障部位分类

(1)电缆本体故障。

(2)电缆中间接头故障。

(3)电缆终端头故障。

2. 按故障时间分类

(1)运行故障。

(2)试验故障。

3. 按故障责任分类

(1)人员过失。

(2)设备缺陷。

(3)自然灾害。

(4)正常老化。

(5)外力损坏。

(五)工作注意事项

1. 工作前的准备工作

电力电缆停电工作应填用第一种工作票,不需停电的工作应填用第二种工作票。工作前应详细查阅有关的路径图、排列图及隐蔽工程的图纸资料,必须详细核对电缆名称、间隔编号、标示牌是否与工作票所写的相符,在安全措施正确可靠后方可开始工作。

2. 工作中的注意事项

工作时必须确认需检修的电缆。需检修的电缆可分为以下 2 种:

(1)终端头故障及电缆本体表面有明显故障点的电缆。这类故障电缆,故障迹象较明显,容易确认。

(2)电缆表面没有暴露出故障点的电缆。对于这类故障电缆,除查对资料、核实电缆名称外,还必须用电缆识别仪进行识别,使其与其他的运行中电缆区别开来,尤其是在同一通道内电缆数量众多时,严格区分需检修的电缆与其他运行的电缆尤为重要。同时这也可以有效地防止由于电缆标牌挂错而认错电缆(电缆挂牌只能作为帮助识别的一种参考),导致误断带电电缆事故的发生。开断电缆必须有可靠的安全保护措施。锯断电缆前,必须证实确实是需要切断的电缆且该电缆无电,然后用接地的带木柄(最好用环氧树脂柄)的铁钎钉入电缆芯后,方可工作。扶木柄的人应戴绝缘手套并站在绝缘垫上,应特别注意保证铁钎接地的良好(现在多用液压遥控切断装置,使人员更为安全)。工作中如须移动电缆,则需要专人指挥、统一口令,严防损伤其他运行中的电缆。电缆中间接头及终端头务必按工艺要求安装,确保质量,不留事故隐患。电缆修复后,应认真核对电缆两端的相序,先去除原有的相色标志,再套上正确的相色标志,以防新旧相色混淆,试验前应再次核对电缆相序。

3. 高压试验时的注意事项

电缆高压试验应严格遵守《国家电网公司电力安全工作规程》,认真做好试验现场的安全措施。分工明确,安全注意事项应详尽。试验现场应装设围栏,向外悬挂“止步,高压危险!”标识牌,并派专人看守。尤其是电缆的另一端应设置遮栏(围栏)并悬挂警告标识牌,并应派人看守,试验过程中保持电缆两端通信畅通,以防发生突发事件。试验装置、接线应符合安全要求,操作必须规范。试验时注意力应集中,操作人员应站在绝缘垫上。变更接线或试验结束时,应先断开试验电源,作业人员应先戴好绝缘手套对被试电缆充分放电,并将高压设备的高压部分及被试电缆短路接地,接试验高压引线时放电人员须穿绝缘靴、戴绝缘手套。

4. 其他注意事项

打开电缆井或电缆沟盖板时,应做好防止交通事故的措施,对影响交通的主干道施工,需提前向相关部门报备,井的四周应布置好围栏,做好明显的警告标志,并且设置阻挡车辆误入的障碍。夜间施工,电缆井应有照明,防止行人或车辆落入井内。进入电缆井前,应排除井内浊气并用气体检测仪进行检测。井内工作人员应戴安全帽,并做好防火、防水及防高空落物等措施,井口应有专人看守。

二、10 kV 电缆的缺陷处理

本部分主要介绍 10 kV 电力电缆常见缺陷及相应的预防措施和处理方法。对常见的 10 kV 电力电缆缺陷,分为电缆附件缺陷、电缆绝缘缺陷、电缆工程质量缺陷和电缆附属设施缺陷四个方面进行简要介绍,并针对造成缺陷的原因分析相应的预防和处理方法。

(一)电缆附件缺陷

1. 电缆中间接头制作不规范

缺陷隐患:因制作缺陷、产生静电等原因,产生的火花易引起电缆中间接头爆炸或燃烧。

原因分析:

(1)电缆中间接头制作未按规范要求施工,如绝缘层绕包不紧(空隙大)、不洁,密封不严,绝缘胶配比不对等。

(2)电缆中间接头未按规范要求加装电缆防爆盒。

防治措施:

(1)中间接头制作完毕后,应用防水胶带填平两边的凹陷,并在接头两端重叠绕包铠装带。

(2)接头安装完后,应将电缆放回该电缆敷设的支架上,接头的下方应放非导电硬材质承托,接头两端用扎线固定在支架上。

(3)中间接头制作人员必须持证上岗。

(4)中间电缆头制作完毕后,宜加装防爆盒(见图 2-15)。

2. 电缆终端头制作、安装不规范

缺陷隐患:电缆受潮,绝缘性能降低,发热爆炸(见图 2-16~图 2-18)。

图 2-15　电缆中间接头防爆盒

图 2-16　因密封不严长期浸水引起接头爆炸

图 2-17　受潮放电的电缆终端头

图 2-18　电缆终端头进水长期受潮、发热爆炸

原因分析：

(1)电缆终端头制作、安装不符合规范要求，如绝缘层绕包不紧(空隙大)、不洁，密封不严，绝缘胶配比不对等。

(2)锯断的电缆头未及时封堵，受潮降低绝缘强度。

防治措施：

(1)电缆采用扎带绑扎或电缆夹固定，要求绑扎高度一致、牢固。

(2)电缆头采用有颜色的热缩管热缩制作或采用聚氯乙烯带包裹，热缩制作要求电缆头饱满、圆滑、工艺统一、美观，聚氯乙烯带包裹要求电缆头缠绕密实、牢固，长度、颜色一致、美观。

(3)锯断待用的电缆头应及时封口，以免受潮。

(二)电缆绝缘缺陷

1. 电力电缆绝缘体老化

电力电缆在运行过程中绝缘体会出现老化，从而形成绝缘缺陷。电缆绝缘长期在电和热的作用下运行，其物理性能会发生变化，其绝缘强度降低或介质损耗增大而最终引起绝缘崩溃者为绝缘老化，绝缘老化故障率约为 19%。运行时间特别久(30~40 年以上)而发生类似情况者则称为正常老化。如属于运行不当而在较短年份内发生类似情况者，则认为是绝缘过早老化。这种电缆的绝缘体老化主要形成原因可分为水树枝老化、热老化、化学老化。

(1)水树枝老化产生的条件就是要形成水树枝(见图 2-19、图 2-20)。水树枝一般在水与电较长时间接触后形成，并会在水树枝延长后转变为电树枝。在水树枝形成后该部分的电流就会增加，从而导致绝缘体老化，水树枝被认为是导致交联聚乙烯电缆绝缘老化的重要原因。

图 2-19　水树枝形态 1

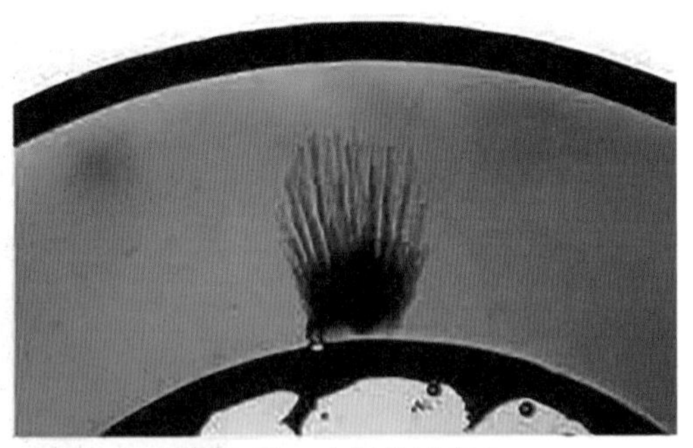

图 2-20　水树枝形态 2

(2)热老化就是由于电缆长期运行，通电加热而导致的老化。我国的电力需求量逐年加大，在电缆传输电力过程中经常会出现电力电缆过负荷的情况。电力电缆长期的过负荷运行就促使电缆本体发热，在经过较长时间的发热以后就会导致绝缘体材料消耗过多，从而形成热老化。

(3)化学老化就是电缆敷设完成后因环境等原因会接触到酸碱等化学物质或土壤，导致绝缘体发生化学腐蚀(见图 2-21)，从而造成绝缘体老化。

图 2-21　电缆绝缘体受环境腐蚀绝缘老化

2. 电力电缆绝缘体受到机械破坏

电力电缆绝缘体在运行的过程中可能由于安装或外物等原因造成绝缘体缺陷，这样的绝缘体缺陷具有形成时间长、影响大的特点。绝缘体受到的较为常见的机械破坏多为与绝缘体接触的外物相互连接，外物产生电流后将绝缘体击穿(见图 2-22)，这样电缆绝缘体内部的电流就会发生混乱，形成绝缘体缺陷。较为常见的电缆绝缘体机械损伤一般都与建筑物相连，在某些建筑物建造完成后，地基的下沉等原因造成建筑物对连接的电缆压力增加，这样就会形成机械损伤。这类机械损伤的电缆绝缘体一般受损都会较为严重，在初期仅是绝缘体外皮受损，后期则会出现电缆断裂。

图 2-22　电缆绝缘体在施工过程中受到机械破坏，绝缘体击穿造成接地

(三)电缆工程质量缺陷

1. 电缆排管

1)基槽开挖内部积水

缺陷隐患：基坑积水浸泡后，地基土质变软，承载力降低，引起管渠基础下沉，造成管

渠结构折裂损坏。

原因分析：

(1)自然降水或其他落水流进基槽，造成积水。

(2)地下水、滞水，未采取排降措施。

预防措施：

(1)雨季施工，须将基槽周边开挖排水沟，防止落水流入槽内。

(2)排水沟应接通原排水管网，开槽宜在枯水期施工。

(3)在地下水位以下或有浅层滞水地段挖槽，应采用排水沟、集水井、井点排降水措施。

(4)按照设计要求做好放坡施工。

2)排管不整齐，回填不规范

缺陷隐患：管道挤压变形，缩短使用寿命。

原因分析：

(1)未按照设计、规范施工。

(2)回填土用杂物回填。

(3)质量管理不到位，工程验收不细致。

预防措施：

(1)严格按照作业指导书、规范施工。

(2)按规范整齐安装排管，并进行固定。

(3)回填前应清除坑内积水、杂物等，回填土应每 300 mm 夯实一次，最后必须培出高于地面 300 mm 的防沉层。

2. 非开挖顶管管口破损

缺陷隐患：导致杂物进入管内，电缆受损。

原因分析：

(1)施工方案不完善，施工人员操作不当。

(2)排列不整齐，造成错位。

预防措施：

(1)编制完善的施工方案，并做好人员技术交底。

(2)加强质量管理和工程验收，并将此问题列为必检项。

3. 电缆沟及支架

1)电缆沟表面开裂

缺陷隐患：开裂导致沟壁表面剥落、渗水。

原因分析：

(1)混凝土浇筑时振捣不密实。

(2)混凝土浇筑、养护不到位。

(3)未按混凝土配合比要求进行配比。

(4)使用不合格原料。

(5)砖砌电缆沟表面抹灰未按规范施工。

预防措施：

(1)混凝土电缆沟浇筑完成后应及时清理浮浆。

(2)混凝土浇筑后,按规定养护。

(3)按规定做好取样、送检工作,施工过程中严格控制混凝土配合比、砂浆水灰比。

2)电缆沟露筋、蜂窝、麻面、裂缝、破损现象,外表面不光滑

缺陷隐患:易引起钢筋锈蚀,长时间引起坍塌。

原因分析:

(1)钢筋绑扎固定不规范,浇灌过程中振动器振捣不到位。

(2)浇筑的混凝土板拼缝不规范,有露缝。

(3)技术交底不细致。

(4)质量管理不到位,工程验收不细致。

预防措施:

(1)混凝土浇捣前根据设计要求做好钢筋绑扎,经监理验收合格后才能浇捣混凝土。浇筑的混凝土板要平直,浇灌过程中用平板振动器振捣,确保混凝土密实度,并人工找平。

(2)混凝土浇筑方法:混凝土自由下落度应不大于2 m,且均匀铺开。

(3)已浇筑的混凝土强度达到12 N/mm^2 后,方可允许人员在其上走动和进行其他工序。

(4)表面无露筋、蜂窝、麻面、裂缝、破损等现象,外表面光滑、色泽一致。

3)无电缆支架固定预埋件

缺陷隐患:电缆支架固定不牢固,无法起到良好支撑固定作用。

原因分析:施工过程中偷工减料,未按图纸要求施工。

预防措施:

(1)浇筑前,检查预埋铁件的位置、数量及其牢固性。

(2)做好施工自检及停工待检工作。

4)电缆支架加工水平差

缺陷隐患:不符合加工水平的电缆支架易造成电缆破损及伤人。

原因分析:

(1)使用不合格的支架。

(2)支架切口处有卷边、毛刺。

预防措施:

(1)电缆沟支架与吊架所用钢材应平直,无明显扭曲,切口处应对卷边、毛刺进行打磨处理。

(2)加强电缆沟支架到货验收,严禁使用不合格的支架。

(3)电缆沟支架切口处安装绝缘保护套。

5)电缆支架焊接固定不符合要求

缺陷隐患:焊缝容易锈蚀,支架与预埋件脱落。

原因分析:

(1)焊接施工不符合规范要求。

(2)未严格按照作业指导书的要求进行施工。

(3)操作人员未取得相应资质证。

预防措施:

(1)支架固定焊接时,焊接人员必须持证上岗。

(2)焊接必须牢固、焊缝平直,无虚焊、漏焊,焊接后按要求做好防锈、防腐处理。

4. 电缆隧道积水(见图 2-23)

缺陷隐患:隧道积水,会导致电缆损坏,人员触电。

原因分析:

(1)未按设计图纸放坡要求施工。

(2)电缆隧道内有杂物,排水不畅。

预防措施:

(1)严格按照《电力工程电缆设计标准》(GB 50217—2018)设计,并按设计放坡要求施工。

(2)及时清理电缆隧道内杂物。

图 2-23 电缆隧道积水

5. 未设置集水坑

缺陷隐患:电缆长期被水浸泡容易老化,绝缘性降低。

原因分析:

(1)设计未考虑排水措施。

(2)施工图审查不细致。

预防措施:

(1)严格按标准设计。

(2)施工图审查中排水措施明确。

6. 电缆敷设展放不规范

缺陷隐患:易造成电缆绝缘层及缆芯受损,电缆绝缘下降,造成漏电、放电。

原因分析:

(1)电缆在展放过程中没有使用放线架和放线滑车。

(2)电缆敷设开始前,未针对电缆的走向做出策划方案。

预防措施:

(1)敷设前应对电缆走向进行规划。

(2)电缆敷设时,可用人力或机械牵引,使用专用电缆支架进行展放,电缆应从电缆盘的上端引出,避免与地面摩擦。

(3)电缆展放通道内使用电缆滑轮,直线段应每隔 2.5~3 m 设置直线滑轮。转角处采用转弯滑轮,并控制电缆弯曲半径和侧压力。

(四)电缆附属设施缺陷

1. 电缆沟盖板制作、安装不规范

缺陷隐患:沟盖板无提手,不便于运行检修、检查;盖板表面开裂、破损、坍塌,观感差。

原因分析:

(1)预制沟盖板制作前,未明确提手要求。

(2)沟盖板现场浇筑时配比不符合要求,浇筑后未及时清理浮浆及进行养护。

(3)沟盖板制作尺寸不标准、敷设不规范。

(4)质量管理不到位,工程验收不细致。

预防措施:

(1)加工图中应明确预制沟盖板提手制作要求。

(2)浇筑施工按规定做好取样、送检工作,施工过程中严格控制混凝土配合比;浇筑过程中宜加装外框,确保外观尺寸规范、统一。

(3)盖板铺设应从一端开始,边安装边调直、调平,同时在盖板两端搁置点垫 35 mm 厚橡胶条,以调整盖板的稳定性和平整度。

2. 电缆防火封堵

1)电缆沟防火材料安装不规范

缺陷隐患:防火效果降低。

原因分析:

(1)使用不合格材料进行填充。

(2)电缆沟防火封堵未按规范要求施工。

预防措施:

(1)施工前,应清理现场油垢、灰尘和杂物。

(2)封堵应严密可靠,不应有明显的裂缝和可见的孔隙,堵体表面平整,孔洞较大者应加耐火衬板加以封堵。

(3)有机堵料封堵不应有漏光、漏风、龟裂、脱落、硬化现象。

(4)无机堵料封堵不应有粉化、开裂等缺陷。

2)有机防火材料封堵工艺差

缺陷隐患:有机堵料与电缆直接接触,电缆易受腐蚀,降低防火性能。

原因分析:有机防火材料封堵未按规范要求施工。

预防措施:

(1)在电缆穿过竖井、墙壁、楼板或进入电气盘、柜的孔洞处,应使用有机防火材料封堵,封堵应密实、平整,并保证强度。

(2)封堵应严密可靠(见图 2-24),不应有明显的裂缝和可见的孔隙,孔洞较大者应加耐火衬板后再进行封堵。

3)外露电缆套管安装、封堵不规范

缺陷隐患:电缆套管内积水,绝缘性能降低。

原因分析:

(1)未按规范要求封堵。

(2)外露电缆套管外露高度不足。

(3)外露电缆套管材料使用不符合要求。

预防措施:

(1)外露电缆套管孔洞处,用有机防火材料封堵。

(2)外露电缆套管外露高度应符合规范要求。

(3)外露电缆套管应使用金属材料进行保护。

图 2-24　按规范要求实施封堵

第四节　电缆缺陷及故障分析

本节主要介绍电力电缆常见的缺陷类型及可能引起的电缆故障,使学员明白电缆在敷设、附件安装等施工过程中的工艺要求,并为后续的故障查找及处理做好知识储备。

电缆缺陷产生的原因及引起故障的表现形式是多方面的,有逐渐形成的,也有突然发生的;有单一故障,也有复合故障。

施工安装、产品质量、外力破坏是高压电缆故障发生的三大主要原因。

电力电缆的生产、敷设、中间接头及终端头工艺、附件材料、运行条件等与电缆的运行情况密切相关。上述任何环节的疏漏,都将埋下电缆故障的隐患。分析与归纳电缆故障的原因和特点,大致如下。

一、机械损伤

机械损伤类故障比较常见,所占的故障率最大(约 57%),其故障形式比较容易识别,大多造成停电事故。一般造成机械损伤的原因有以下几种。

(一)直接受外力损坏

如进行城市建设,交通运输,地下管线工程施工、打桩、起重、转运等误伤电缆,如图 2-25 所示。

2004 年 7 月,某环网 603 柜出线电缆采用直埋敷设,运行一年后电缆路径处开始建设商住楼,开发商施工前未与电力部门联系,在电缆路径处大量填土,且用铲车碾压,造成中间接头连接脱位,并被拉断。

(二)施工损伤

如机械牵引力过大而拉损电缆,电缆弯曲过度而损伤绝缘层或屏蔽层,在允许施工温度以下的野蛮施工致使绝缘层和保护层损伤,电缆剥切尺寸过大、刀痕过深等损伤,如图 2-26 所示。

电缆护套受损

大型施工机具

图 2-25　在缺乏施工监督和电缆路径信息的情况下基建施工容易误伤电缆

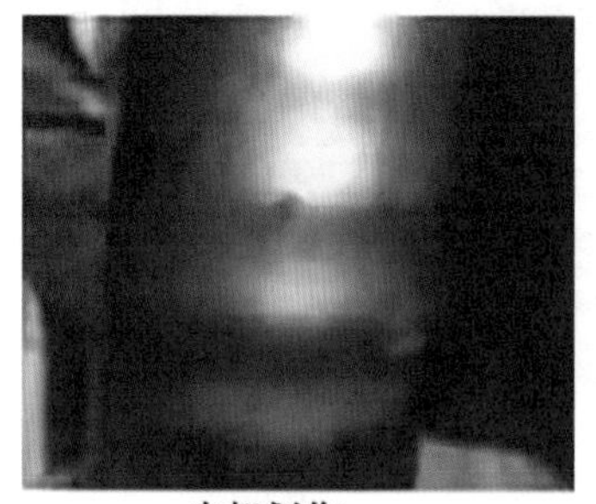
支架划伤

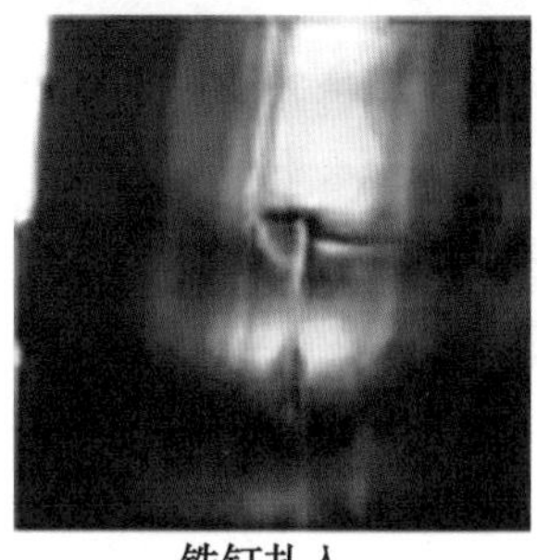
铁钉扎入

水泥管划伤

图 2-26　施工损伤

(三)自然损伤

如中间接头或终端头的绝缘胶膨胀而胀裂外壳或附近电缆护套;因自由行程而使电缆管口、支架处的电缆外皮擦破;因土地沉降、滑坡等引起的过大拉力而拉断中间接头或电缆本体;因温度太低而冻裂电缆或附件;大型设备或车辆的频繁振动而损坏电缆等。

某地一电缆为 YJV22-8.7/10 kV,长度 800 m,敷设方式为电缆沟上支架。1997 年投入运行,在 1998 年进行预防性试验中发现存在严重的绝缘缺陷,并在耐压试验中击穿。后经检查发现,外护套多处受损,导致电缆主绝缘内部大量进水受潮,从而产生水树枝放电,造成电缆主绝缘劣化(见图 2-27),最终电缆被换掉。

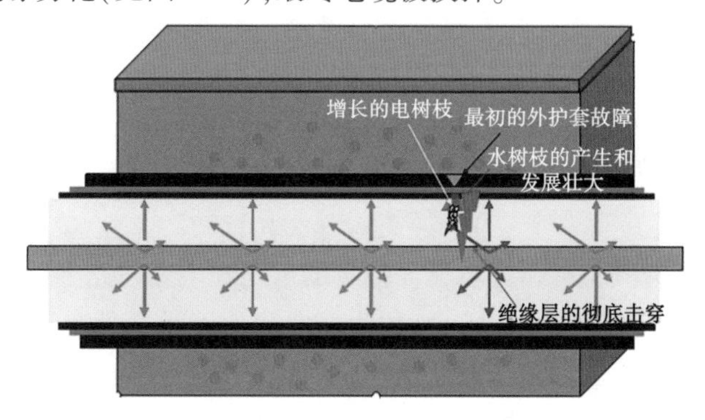

图 2-27　外护套受损,导致主绝缘击穿的发展过程

二、绝缘受损

(一)绝缘受潮

绝缘受潮是电缆故障的又一主要因素,所占的故障率约为13%,如图2-28所示。绝缘受潮一般可在绝缘电阻和直流耐压试验中发现,表现为绝缘电阻降低,泄漏电流增大。一般造成绝缘受潮的原因有以下几种:

(1)电缆中间接头或终端头密封工艺不良或密封失效。密封"O"形圈设计不当,无法起到有效的密封作用。

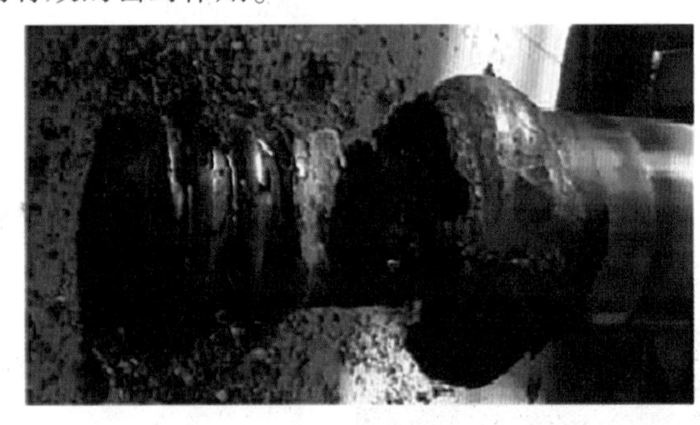

图2-28　由绝缘受潮引起的高压电缆终端事故

(2)施工安装时,由于湿度较大或天气原因,附件与电缆绝缘界面处混入水分。

(3)密封圈及防水带材老化性能较差,在长期运行下逐渐失去了密封作用。

(4)电缆制造不良,电缆外护层有孔或裂纹。

(5)电缆护套被异物刺穿或被腐蚀穿孔。

由绝缘受潮导致的故障70%以上发生在10年以后,故为提升运行10年以上产品的可靠性,可加强设备密封受潮方面的检测,如红外测温、介质损耗测量等。

(二)绝缘老化

电缆绝缘长期在电和热的作用下运行,其物理性能会发生变化,导致其绝缘强度降低或介质损耗增大而最终引起绝缘崩溃者为绝缘老化,绝缘老化故障率约为19%。运行时间特别久(30~40年以上)而发生类似情况者则称为正常老化。如属于运行不当而在较短年份内发生类似情况者,则认为是绝缘过早老化。可引起绝缘过早老化的主要原因有:

(1)电缆选型不当,致使电缆长期在过电压下工作。

(2)电缆线路周围靠近热源,使电缆局部或整个电缆线路长期受热而过早老化。

(3)电缆工作在可与电缆绝缘起不良化学反应的环境中而过早老化。

(三)过电压

电力电缆因雷击或其他冲击过电压而损坏的情况在电缆线路上并不多见。因为电缆绝缘在正常运行电压下所承受的电应力,约为新电缆所能承受的击穿试验时承受电应力的1/10,因此一般情况下,3~4倍的大气过电压或操作过电压对于绝缘良好的电缆不会有太大的影响。但实际上,电缆线路在遭受雷击时被击穿的情况并不罕见。从现场故障实物的解剖分析可以确认,这些击穿点往往早已存在较为严重的某种缺陷,雷击仅是较早地激发了该缺陷。容易被过电压激发而导致电缆绝缘击穿的缺陷主要有：

(1)绝缘层内含有气泡、杂质。图 2-29 所示为电缆主绝缘表面的杂质大小。

(2)电缆内屏蔽层上有节疤等缺陷。

(3)电缆绝缘已严重老化。

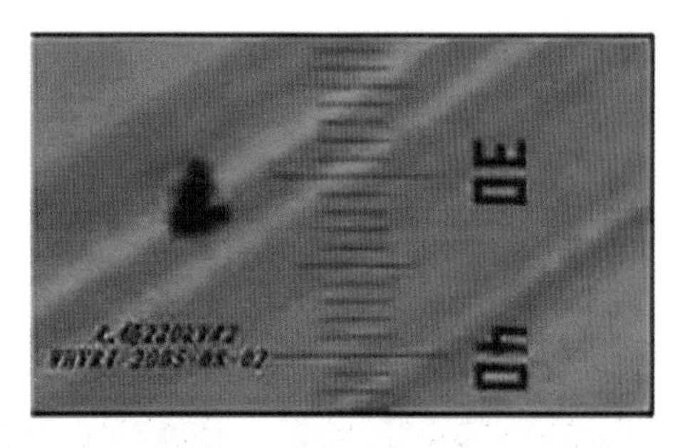

图 2-29　杂质缺陷

(四)过热

电缆过热有多方面的因素,从近几年各地运行情况的统计分析上来看,主要有以下原因：

(1)电缆长期过负荷工作。

(2)火灾或邻近电缆故障的烧伤。

(3)靠近其他热源,长期接受热辐射。

过负荷是电缆过热的重要原因。电缆过负荷(在电缆载流量超过允许值或异常运行方式下)运行,未按规定的电缆温升和整个线路情况来考虑时,会使电缆发生过热。例如在电缆比较密集的区域、电缆沟及隧道通风不良处、电缆穿在干燥的管中部分等,都会因电缆本身过热而加速绝缘损坏。橡塑绝缘电缆长期过热后,绝缘材料发生变硬、变色、失去弹性、出现裂纹等物理变化;油纸电缆长期过热后,绝缘干枯、绝缘焦化,甚至一碰就碎。另外,过负荷也会加速电缆铅包晶粒再结晶而造成铅包疲劳损伤;在大截面较长电缆线路中,若装有灌注式电缆头,因灌注材料与电缆本体材料的热膨胀系数相差较大,容易造成胀裂壳体的严重后果。

对于火灾或邻近电缆故障的影响等外来的过热损伤,多半可从电缆外护层的灼伤情况加以确认,比较容易识别。

由于比较重视电缆线路与其他热力管线之间的安全间距要求,并采取一定的防护措施,因此由其他工业热源引起的过热损坏情况极为罕见。

三、产品质量缺陷与安装质量缺陷

(一)产品质量问题

电缆及电缆附件是电缆线路中不可缺少的两种重要材料。它们的质量优劣直接影响电缆线路的安全运行。由于一些施工单位缺乏必要的专业技术培训,电缆附件的制作存在较大的质量问题。这些产品质量缺陷可归纳为以下几个方面。

1. 电缆本体质量缺陷

油纸电缆铅护套存在杂质砂粒、机械损伤及压铅有接缝等;橡塑绝缘电缆主绝缘层偏心,内含气泡、杂质,内半导电层出现节疤、遗漏,电缆贮运中不封端而导致线芯大量进水等。上述缺陷一般不易被发现,往往是在检修或试验中发现其绝缘电阻低、泄漏电流大,甚至耐压击穿。

某市湖东变 624 宏利线,电缆型号为 YJV22-8.7/10 kV,电缆长度为 1 200 m,1992 年投运。运行3个月后,电缆发生了主绝缘击穿事故。之后,对事故电缆解剖检查发现,电缆主绝缘存在严重的偏心问题,该电缆最后经交涉,由原厂回收。

另外,在高压电缆中还存在电缆绝缘屏蔽与金属护套(屏蔽)接触不良,导致放电或烧蚀击穿(见图2-30),以及电缆外护套材质不良导致开裂(见图2-31)等。

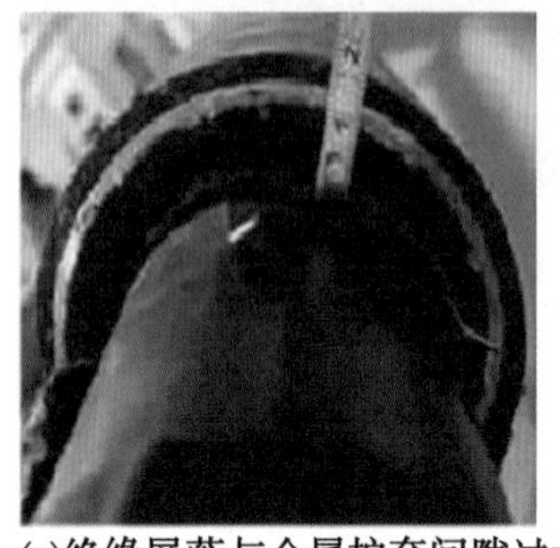
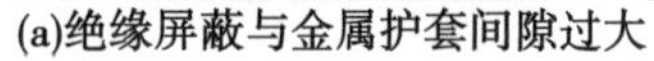
(a)绝缘屏蔽与金属护套间隙过大

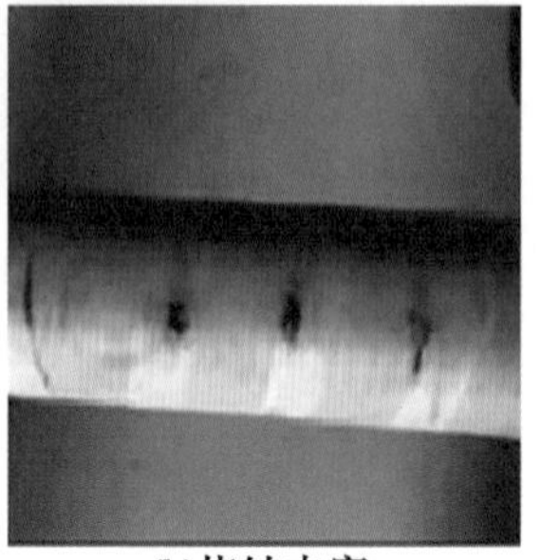
(b)烧蚀击穿

图2-30　电缆绝缘屏蔽被烧蚀击穿

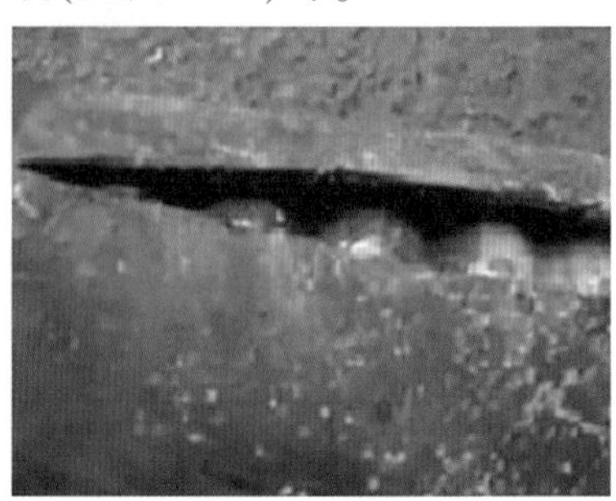

图2-31　外护套开裂

2. 电缆附件质量缺陷

(1)产品存在制造缺陷,如界面凸起、凹坑,以及绝缘内部存在的气隙、杂质等缺陷。

(2)设计方面存在缺陷,应力锥内径与电缆外径不匹配,导致发生本体撕裂和界面放电。

近年来,国内多地区220 kV整体预制式电缆中间接头发生击穿事故(见图2-32)。其原因就是接头的压力过大,引发内部电树枝放电,最终造成绝缘击穿事故。一般这种情况多发生在合闸送电的过程中。这种树枝放电的特点是:放电发生密度高,多呈裂纹状(见图2-33)。

图2-32　220 kV接头爆炸现场

(a)非故障接头电树枝

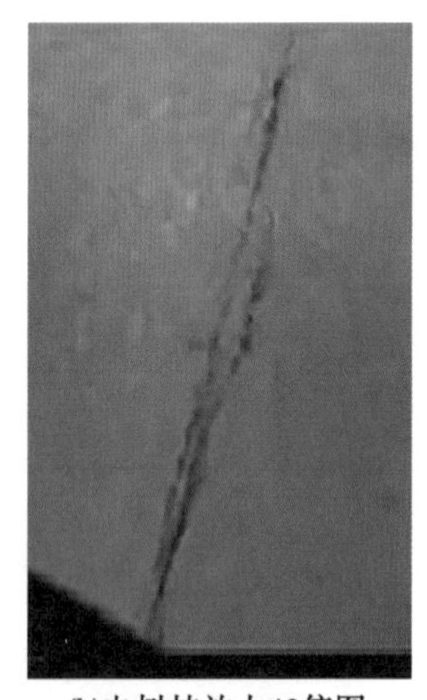
(b)电树枝放大40倍图

图2-33　树枝状放电现象

同样,终端界面压力过小,也会造成沿面放电。

2017年,某220 kV电缆户外瓷套充油终端(应力锥+环氧树脂套+弹簧结构),在竣工耐压试验时,发生击穿故障。经试验分析,当弹簧压紧力不够时,在较低电压下就会发生局部放电现象,如图2-34所示。

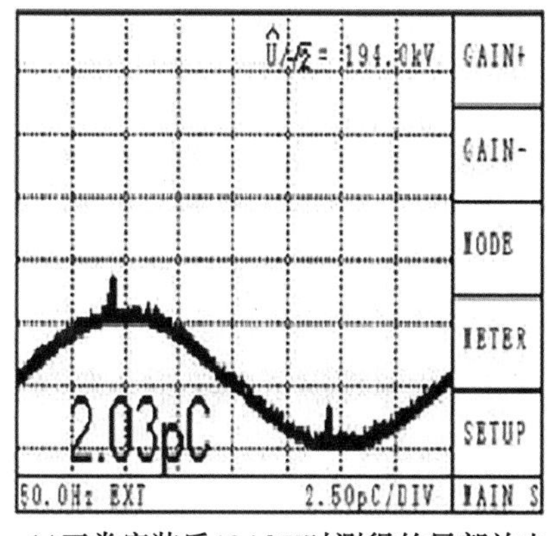

(a)正常安装后194 kV时测得的局部放电

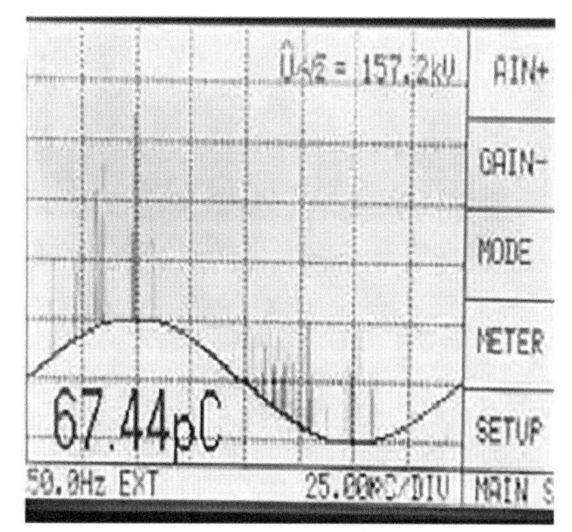

(b)应力锥托低于正常安装约5 cm时，157 kV的局部放电

图 2-34　不同安装情况下的局部放电比较

(3)制作采用的原材料性能较差,不满足国家标准或国际标准要求。

(4)产品存放超期。

2004 年某市变电站 631 出线电缆热缩中间接头发生相间短路故障,引燃沟内通信电缆,进而造成同沟敷设的其他电缆烧毁,其主要原因就是电缆附件的防火防爆性能差。

3. 设计不良

电力电缆发展到今天,其结构与形式已基本稳定,但电缆中间接头和终端头的各种电缆附件一直在不断地改进。这些新型电缆附件往往在新设备、新材料、新工艺上没有取得足够的运行经验,因此在选用时应慎之又慎,最好根据其运行经验的成熟与否,逐步推广使用,以免造成大面积质量事故。属于设计不良的主要弊病有:

(1)防水不严密。

(2)选用材料不妥当。

(3)工艺程序不合理。

(4)机械强度不充足。

(二)安装质量问题

传统式附件制作质量缺陷主要有:绝缘层绕包不紧(空隙大)、不洁,密封不严,绝缘胶配比不对等。热(冷)缩附件制作质量缺陷主要有:主绝缘表面的处理不当,半导电层断口不平整,应力管安装位置不当,热缩管收缩不均匀,地线安装不牢等。预制电缆附件安装质量缺陷主要有:剥切尺寸不精确,绝缘件套装时剩余应力太大等。下面就个别故障案例加以原因说明。

1. 安装施工环境的问题

某市某变电站 618 金城线,电缆型号为 YJV22-8.7/10 kV,电缆长度为 2 100 m。1999 年投入运行,一年后电缆中间接头在运行和试验中均发生击穿故障。后经调查发现,在电缆接头施工完毕后,试验中电缆的绝缘电阻与泄漏电流值就已反映出存在严重缺陷,主要原因与电缆接头在雨天施工有关。

2. 导体连接管压接不良

某市某变电站 624 人才线,出线中间接头因导体连接管压接不良、打磨不平整引起局部放电,最终发生相间击穿事故。

3. 安装尺寸错误

某市某变电站615小柳线,冷缩中间接头因安装冷缩管搭接尺寸错误,电缆半导电层剥切部位不在应力控制处,造成该中间接头运行不到半年就发生故障。

第五节　电缆线路不停电作业

电缆线路不停电作业通常采用与配网不停电作业相同的作业方法,作业项目包括带电断、接空载电缆引线,旁路作业法检修电缆线路设备和临时取电作业。本节主要介绍上述作业项目的原理、步骤及注意事项。

一、带电断、接空载电缆引线

(一)项目原理

带电断、接空载电缆引线项目主要用于架空线路与其T接的支线电缆之间无隔离开关、直连的情况,作业时需要采用专用的带电作业用消弧开关消除空载电缆电容电流的影响,用以解决用户接入电网、检修时停电范围大的问题。

(二)引用的规程规范

(1)《10 kV电缆线路不停电作业技术导则》(Q/GDW 710—2012)。

(2)《10 kV架空配电线路带电作业管理规范》(Q/GDW 520—2010)。

(3)《配电网运行规程》(Q/GDW 519—2010)。

(4)《国家电网公司电力安全工作规程(线路部分)》(国家电网安监〔2009〕664号)。

(5)《10 kV带电作业用消弧开关技术条件》(Q/GDW 1811—2013)。

(三)准备工作

1. 危险点

(1)工作监护人违章兼做其他工作或监护不到位,使作业人员失去监护。

(2)电缆未处于空载状态,带负荷断电缆引线,引发事故。

(3)带电作业人员穿戴防护用具不规范,造成触电伤害。

(4)作业人员未按规定进行绝缘遮蔽或遮蔽不规范,造成触电伤害。

(5)断电缆引线时,引线脱落造成接地或相间短路事故。

2. 安全措施

(1)专责监护人应履行监护职责,不得兼做其他工作,要选择便于监护的位置,监护的范围不得超过一个作业点。

(2)作业人员应听从工作负责人指挥。

(3)断电缆引线之前,应采用测量空载电流、到电缆末端确认负荷已断开等方式确认电缆处于空载状态。

(4)作业现场及工具摆放位置周围应设置安全围栏、警示标志,防止行人及其他车辆进入作业现场。

(5)带电作业过程中,斗内作业人员应始终穿戴防护用具(包括护目镜),保证人体与邻相带电体及接地体的安全距离。

(6)应对作业范围内的带电体和接地体等所有设备进行遮蔽。

(7)绝缘导线应进行遮蔽。

(8)应采用绝缘操作杆进行消弧开关的开合操作。

3. 工器具及材料选择

本任务所需要的工器具及材料如表 2-14 所示。

表 2-14　带电断、接空载电缆引线项目所需工器具及材料

分类	工具名称	规格型号	数量	备注
工作平台	绝缘斗臂车		1 辆	
专用工具	带电作业用消弧开关	10 kV	1 台	分断电容电流能力不小于 5 A
	绝缘引流线	10 kV	1 根	
防护类	绝缘手套	10 kV	2 双	
	防护手套		2 副	
	绝缘手套内衬手套	全棉	2 副	
	全套绝缘服	10 kV	2 副	包括绝缘上衣(袖套、披肩)、绝缘裤
	绝缘鞋(靴)	10 kV	2 双	
	护目镜		2 副	
	安全带		2 副	
	绝缘安全帽	10 kV	2 顶	
	普通安全帽		3 顶	
绝缘遮蔽	绝缘毯	10 kV	15 块	
	导线遮蔽罩	10 kV	6 个	
	绝缘毯夹		30 个	
	绝缘子遮蔽罩	10 kV	3 个	
	引线遮蔽罩	10 kV	6 个	
	绝缘挡板		2 块	

续表 2-14

分类	工具名称	规格型号	数量	备注
操作类	绝缘导线剥皮器		1个	
	绝缘操作杆	10 kV	1根	
	断线剪		1把	
仪器仪表	钳形电流表		1块	
	绝缘电阻测试仪	2 500 V及以上	1台	
	温湿度仪		1块	
	风速仪		1块	
	验电器	10 kV	1个	
个人工器具	钳子		2把	
	活络扳手		2把	
	电工刀		2把	
	螺丝刀		2把	
其他	对讲机		4个	
	防潮垫或毡布		2块	
	安全警示带(牌)		若干	根据现场实际情况确定
	斗外工具箱		1个	
	绝缘钩		1个	
	斗外工具袋		1个	
	绝缘绳		1根	

4. 作业人员分工

本任务共需要操作人员3~4名(其中带电作业工作负责人1名、斗内电工1~2名、地面电工1名),作业人员分工如表2-15所示。

表2-15 带电断、接空载电缆引线项目作业人员分工

序号	作业人员	作业内容
1	带电作业工作负责人(监护人)1名	全面负责带电作业安全,并履行工作监护
2	斗内电工1~2名	负责安全完成带电断、接空载电缆引线工作
3	地面电工1名	配合斗内电工

(四)工作流程及操作示意图

1. 工作流程

表2-16所示为带电断空载电缆引线项目工作流程,表2-17所示为带电接空载电缆引

线项目的工作流程。

表 2-16　带电断空载电缆引线项目的工作流程

序号	作业步骤	作业内容	标准	备注
1	开工	1. 工作负责人与调度值班员联系。 2. 工作负责人发布开始工作的命令	1. 工作负责人与调度值班员履行许可手续,确认重合闸已停用。 2. 工作负责人向作业人员宣读工作票,布置工作任务,明确人员分工、作业程序、现场安全措施,进行危险点告知,并履行确认手续	
2	检查	1. 在作业现场设置安全围栏和警示标志。 2. 检查电杆、拉线及周围环境。 3. 检查绝缘工具、防护用具。 4. 绝缘工具绝缘性能检测	1. 安全围栏和警示标志满足规定要求。 2. 绝缘工具、防护用具性能完好,并在试验周期内。 3. 使用绝缘电阻检测仪对绝缘工具进行分段绝缘检测。绝缘电阻值不低于 700 MΩ	
3	操作绝缘斗臂车	1. 绝缘斗臂车进入工作现场,定位于合适工作位置并装好接地线。 2. 操作绝缘斗臂车空斗试操作,确认液压传动、回转、升降、伸缩系统工作正常、操作灵活,制动装置可靠。 3. 斗内电工穿戴好安全防护用具,经工作负责人检查无误后,进入工作斗。 4. 升起工作斗,定位到合适作业的位置	1. 根据地形地貌和作业项目,将绝缘斗臂车定位于合适的作业位置。 2. 装好车辆接地线。 3. 打开绝缘斗臂车的警示灯,绝缘斗臂车前后应设置警示标志。 4. 不得在坡度大于 5°的路面上操作绝缘斗臂车	
4	绝缘遮蔽	斗内电工对作业范围内的所有带电体和接地体进行绝缘遮蔽	1. 在接近带电体过程中,应使用验电器从下方依次验电。 2. 对带电体设置绝缘遮蔽时,按照从近到远的原则,从离身体最近的带电体依次设置;对上下多回分布的带电导线设置遮蔽用具时,应按照从下到上的原则,从下层导线开始依次向上层设置;对导线、绝缘子、横担的设置次序是按照从带电体到接地体的原则,先放导线遮蔽罩,再放绝缘子遮蔽罩,然后对横担进行遮蔽。 3. 使用绝缘毯时应用绝缘夹夹紧,防止脱落。遮蔽用具之间的重叠部分不得小于 15 cm。 4. 对在工作斗升降中可能触及范围内的低压带电部件也须进行遮蔽	

续表 2-16

序号	作业步骤	作业内容	标准	备注
5	施工	1. 用钳形电流表逐相测量三相电缆电流,见图 2-36。 2. 检查消弧开关处于断开位置。 3. 将消弧开关固定在导线上。 4. 将绝缘引流线与消弧开关连接,见图 2-37。 5. 将绝缘引流线与同相位电缆引线连接,见图 2-38。 6. 检查无误后,合上消弧开关,见图 2-39。 7. 测量绝缘引流线的分流情况,见图 2-40。 8. 拆除电缆引线,将拆开的引线固定并遮蔽好。 9. 断开消弧开关。 10. 拆除绝缘引流线,取下消弧开关,该相工作结束,见图 2-41。 11. 按上述顺序断开其他两相电缆引线	1. 每相电流应小于 5 A,待断开电缆长度应小于 3 km。 2. 挂消弧开关前,应先将绝缘导线挂接处绝缘层剥离。 3. 消弧开关与绝缘引流线应连接牢固。 4. 断开电缆线路引线前,应先合上消弧开关,并确认消弧开关回路通流良好。 5. 断电缆引线时应将引线固定牢固、防止摆动。 6. 合消弧开关前、拆除电缆引线前须经工作监护人同意后方可进行。 7. 三相引线拆除,按照先近(内侧)后远(外侧),或根据现场情况先两侧、后中间。 8. 在电缆线路引线拆开后、未挂接地线前,已拆下的电缆线路引线均视为有电,严禁徒手触摸,应及时进行遮蔽	
6	拆除绝缘遮蔽	拆除绝缘遮蔽,斗内电工返回地面	1. 上下传递工具、材料均应使用绝缘绳传递,严禁抛扔。 2. 得到工作负责人的许可后,按照从远到近、从上到下的顺序逐次拆除绝缘遮蔽。 3. 防止高空落物伤人	
7	施工质量检查	斗内电工检查作业质量。 工作负责人检查作业质量	全面检查作业质量,无遗漏的工具、材料等	
8	完工	工作负责人检查工作现场	工作负责人全面检查工作完成情况	

表 2-17　带电接空载电缆引线项目工作流程

序号	作业步骤	作业内容	标准	备注
1	开工	1. 工作负责人与调度值班员联系。 2. 工作负责人发布开始工作的命令	同断线项目	
2	检查	1. 在作业现场设置安全围栏和警示标志。 2. 检查电杆、拉线及周围环境。 3. 检查绝缘工具、防护用具。 4. 绝缘工具绝缘性能检测	同断线项目	
3	操作绝缘斗臂车	1. 绝缘斗臂车进入工作现场，定位于合适工作位置并装好接地线。 2. 操作绝缘斗臂车空斗试操作，确认液压传动、回转、升降、伸缩系统工作正常、操作灵活，制动装置可靠。 3. 斗内电工穿戴好安全防护用具，经工作负责人检查无误后，进入工作斗。 4. 升起工作斗，定位到便于作业的位置	同断线项目	
4	绝缘遮蔽	1. 对空载电缆等设备进行验电。 2. 斗内电工对空载电缆引线进行遮蔽。 3. 斗内电工对作业范围内的所有带电体和接地体进行绝缘遮蔽	同断线项目	
5	施工	1. 在引线搭接处将导线绝缘层剥除。 2. 用绝缘操作杆测量待接引线长度(见图 2-42)，根据长度做好搭接的准备工作，绝缘导线引线需剥除绝缘层。 3. 将绝缘斗调整到内侧导线下，展开内侧电缆引线，先清除搭接处导线上的氧化层，再对导线、引线搭接处涂上导电脂，直至符合接续要求。 4. 检查消弧开关处于断开位置。	1. 挂消弧开关前，如是绝缘导线应先将挂接处绝缘层剥离。 2. 消弧开关上下两引流线应连接牢固。 3. 消弧开关引流线连接位置应设置绝缘遮蔽。 4. 带电作业时，对地距离应不小于 0.4 m，对邻相导线应不小于 0.6 m。如不能确保该安全距离，应采取绝缘遮蔽措施。	

续表 2-17

序号	作业步骤	作业内容	标准	备注
5	施工	5. 将消弧开关挂在内侧导线上，并将绝缘引流线与消弧开关连接。 6. 将绝缘引流线与同相位电缆引线连接，见图 2-43。 7. 检查无误后，合上消弧开关，见图 2-44。 8. 测量空载电缆电容电流情况，见图 2-45。 9. 将电缆引线搭接至架空线路接续处，见图 2-46。 10. 测量电缆引线分流情况，见图 2-47。 11. 断开消弧开关。 12. 拆除绝缘引流线，取下消弧开关，此项工作结束。 13. 按上述顺序搭接其他两相电缆引线	5. 搭接电缆线路引线前，应先合上消弧开关，并确认消弧开关回路通流良好。 6. 测量空载电缆电流大于 5 A 时，或其余 2 相未连接电缆引线进行验电显示有电后，应立刻终止工作；确认负荷断开后，方可进行工作。 7. 合消弧开关前、搭接电缆线路引线前，须经工作监护人同意后方可进行。 8. 第一相电缆线路引线与架空线路导线连接后，其余引线（包括导线）应视为有电，并进行绝缘遮蔽。 9. 三相引线搭接，可按先远（外侧）后近（内侧）的顺序进行，或根据现场情况先中间、后两侧的顺序进行	
6	拆除绝缘遮蔽	拆除绝缘遮蔽，斗内电工返回地面	同断线项目	
7	施工质量检查	斗内电工检查作业质量。 工作负责人检查作业质量	同断线项目	
8	完工	工作负责人检查工作现场	同断线项目	

2. 操作示意图

带电断、接空载电缆引线现场示意图如图 2-35 所示。

图 2-36～图 2-41 是带电断空载电缆引线项目关键步骤的操作示意图。

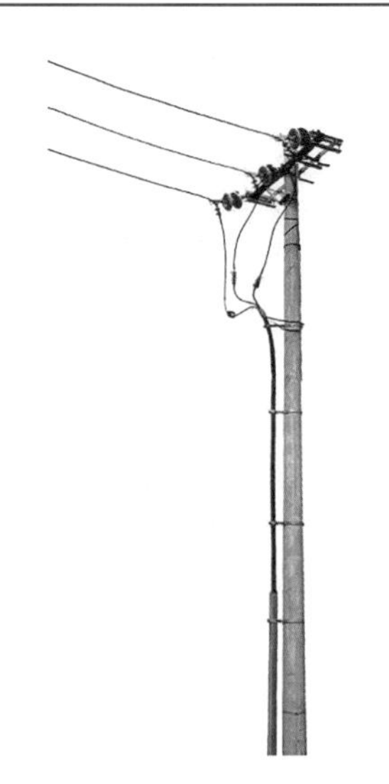

图 2-35　带电断、接空载电缆引线现场示意图

图 2-36　测量空载电缆电容电流

图 2-37　安装消弧开关,连接消弧开关与绝缘引流线

图 2-38　连接绝缘引流线与同相位电缆引线

图 2-39　合上消弧开关

图 2-40　测量绝缘引流线分流情况

图 2-41　拆除绝缘引流线

图 2-42~图 2-47 是带电接空载电缆引线项目关键步骤的操作示意图。

图 2-42 测量待接引流线长度

图 2-43 安装绝缘引流线

图 2-44 合上消弧开关

图 2-45 测量空载电缆电容电流

图 2-46 连接电缆引线

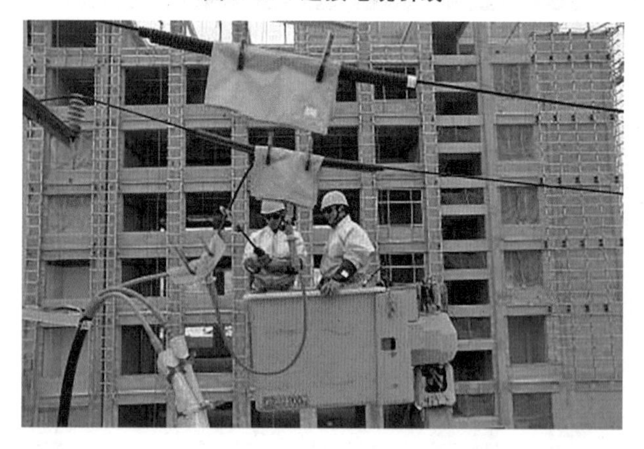

图 2-47 测量电缆引线分流

二、旁路作业法检修电缆线路设备

(一)项目原理

采用旁路作业法,不停电(短时停电)检修两环网柜间的电缆、环网柜或电缆分支箱,解决电缆线路设备检修停电时间长的问题。本节主要介绍：

(1)不停电(短时停电)检修两环网柜间电缆线路作业。

(2)旁路作业法不停电(短时停电)检修环网柜作业。

(二)引用的规程规范

(1)《10 kV 电缆线路不停电作业技术导则》(Q/GDW 710—2012)。

(2)《10 kV 架空配电线路带电作业管理规范》(Q/GDW 520—2010)。

(3)《配电网运行规程》(Q/GDW 519—2010)。

(4)《国家电网公司电力安全工作规程(线路部分)》(国家电网安监〔2009〕664 号)。

(5)《10 kV 旁路作业设备技术条件》(Q/GDW 249—2009)。

(6)《10 kV 旁路电缆连接器使用导则》(Q/GDW 1812—2013)。

(三)准备工作

1. 危险点

(1)工作监护人违章兼做其他工作或监护不到位，使作业人员失去监护。

(2)旁路作业现场未设专人负责指挥施工，作业现场混乱，安全措施不齐全。

(3)旁路作业设备投运前未进行外观检查及绝缘电阻检测，因设备损伤或有缺陷未及时发现而造成人身、设备事故。

(4)敷设旁路电缆未设置防护措施及安全围栏，发生行人车辆踩压，造成电缆损伤。

(5)旁路电缆屏蔽层未在环网柜或旁路负荷开关外壳等地方进行两点及以上接地，屏蔽层存在感应电压，造成人身伤害。

(6)三相旁路电缆未绑扎固定，电缆线路短路故障时发生摆动。

(7)环网柜开关误操作(间隔错误、顺序错误)，造成设备发生相地、相间短路事故。

(8)敷设旁路作业设备时，旁路电缆、旁路电缆终端、旁路负荷开关连接时未核对分相标志，导致接线错误。

(9)旁路电缆设备绝缘检测后，未进行整体放电或放电不完全，引发人身触电伤害。

(10)旁路作业前未检测确认待检修线路负荷电流，负荷电流大于 200 A 时造成设备过载。

(11)旁路作业设备投入运行前，未进行核相或核相不正确造成短路事故。

2. 安全措施

(1)专责监护人应履行监护职责，不得兼做其他工作，要选择便于监护的位置，监护的范围不得超过一个作业点。

(2)旁路作业现场应有专人负责指挥施工，多班组作业时应做好现场的组织、协调工作。作业人员应听从工作负责人指挥。

(3)作业现场及工具摆放位置周围应设置安全围栏、警示标志，防止行人及其他车辆进入作业现场。

(4)旁路开关应编号，操作之前应核对开关编号及状态。

(5)严格按照倒闸操作票进行操作，并执行唱票制。

(6)旁路系统连接好后，合上开关，进行绝缘电阻检测；测量完毕后应进行放电，并断开旁路开关。

(7)敷设旁路电缆时,须由多名作业人员配合使旁路电缆离开地面整体敷设,防止旁路电缆与地面摩擦。连接旁路电缆时,仔细清理电缆插头、插座,并按规定要求涂绝缘硅脂。

(8)三相旁路电缆应分段绑扎固定。

(9)旁路作业设备使用前应进行外观检查并对组装好的旁路作业设备(旁路电缆、旁路电缆终端、旁路负荷开关等)进行绝缘电阻检测,合格后方可投入使用,旁路开关外壳应可靠接地。

(10)拆除旁路作业设备前,应充分放电。

(11)旁路作业设备额定通流能力为 200 A,作业前须检测确认待检修线路负荷电流小于 200 A。

3. 工器具及材料选择

本任务所需要的工器具及材料如表 2-18 所示。

表 2-18　旁路作业法检修电缆线路设备作业所需工器具及材料

序号	工器具名称		规格型号	数量	备注
1	主要作业车辆	旁路电缆展放车		1 辆	根据现场施放电缆长度配置
		设备运输车		1 辆	根据现场实际情况确定
2	绝缘防护用具	绝缘手套	10 kV	1 副	核相、倒闸操作用
		安全帽		若干	
3	绝缘操作工具	绝缘操作杆	10 kV	1 根	分、合旁路开关用
		绝缘放电杆及接地线		1 根	旁路电缆试验以后放电用
4	旁路作业设备	旁路电缆	10 kV	若干	根据现场实际长度配置
		快速插拔旁路电缆连接器	10 kV	若干	根据现场实际情况确定
		旁路电缆连接器保护盒		若干	根据现场实际情况确定
		旁路电缆终端	10 kV	2 套	与环网柜配套
		旁路负荷开关(选用)	10 kV/200 A	1 台	短时停电作业时,不采用不停电作业时,如果环网柜开关断口具备核相功能,可以不采用旁路负荷开关
		旁路负荷开关固定器(选用)		1 套	
		旁路电缆防护盖板、防护垫布等			地面敷设
		绑扎绳		若干	分段绑扎固定三相旁路电缆

续表 2-18

序号	工器具名称		规格型号	数量	备注
5	个人工器具	钳子		2 把	
		活络扳手		2 把	
		电工刀		2 把	
		螺丝刀		2 把	
6	其他主要工器具	绝缘电阻检测仪	2 500 V 及以上	1 台	
		验电器	10 kV	2 个	环网柜专用
		对讲机		3 个	
		核相工具	10 kV	1 套	与旁路开关或环网柜配套使用
		围栏、安全警示牌等		若干	根据现场实际情况确定

4. 作业人员分工

本任务作业人员分工如表 2-19 所示。

表 2-19　旁路作业法检修电缆线路设备项目作业人员分工

人员分工	人数	工作内容
现场总工作负责人	1 人	全面负责现场作业
小组工作负责人(兼监护人)	视现场工作班组数量	负责各小组作业安全,并履行工作监护
电缆不停电作业组	视现场工作情况	负责敷设及回收旁路电缆工作,负责电缆连接和核相工作
倒闸操作组	视现场工作情况	负责开关的倒闸操作

(四)工作流程及操作示意图

1. 工作流程

本节对两个旁路作业法检修电缆线路设备作业项目的工作流程进行分别介绍,表 2-20 所示为不停电(短时停电)检修两环网柜间电缆线路作业项目工作流程,表 2-21 所示为旁路法不停电(短时停电)检修环网柜作业项目工作流程。

表 2-20 不停电(短时停电)检修两环网柜间电缆线路作业项目工作流程

序号	作业步骤	作业内容	标准	备注
1	开工	1. 现场总工作负责人与调度值班员联系。 2. 现场总工作负责人发布开始工作的命令	1. 现场总工作负责人与调度值班员履行许可手续。 2. 现场总工作负责人应分别向作业人员宣读工作票,布置工作任务,明确人员分工、作业程序、现场安全措施,进行危险点告知,并履行确认手续。 3. 现场总工作负责人发布开始工作的命令	
2	检查	1. 在作业现场设置安全围栏和警示标志。 2. 检查周围环境。 3. 检测绝缘工具绝缘性能。 4. 对旁路作业设备进行外观检查。 5. 检查确认两环网柜备用间隔设施完好。 6. 检查确认待检修线路负荷电流小于 200 A	1. 安全围栏和警示标志满足规定要求。 2. 周围环境满足作业条件。 3. 绝缘工具性能完好,并在试验周期内。 4. 使用绝缘电阻检测仪对绝缘工具进行分段绝缘检测。绝缘电阻值不低于 700 MΩ。 5. 检查旁路电缆的外护套是否有机械性损伤;检查旁路电缆连接部位是否有损伤;检查旁路负荷开关的外表面是否有机械性损伤。 6. 应分段对三相旁路电缆进行绑扎固定。 7. 确认环网柜备用间隔设施完好。 8. 旁路作业设备额定通流能力为 200 A,作业前须确认待检修线路负荷电流小于 200 A	

续表 2-20

序号	作业步骤	作业内容	标准	备注
3	不停电检修电缆作业(待检修线路环网柜备用间隔开关断口不具备核相功能,使用旁路开关)	1. 敷设旁路作业设备防护垫布。 2. 敷设旁路防护盖板。 3. 在待检修线路的两侧环网柜之间敷设旁路电缆、设置旁路负荷开关。 4. 连接旁路电缆。 5. 连接旁路负荷开关。 6. 对旁路电缆进行分段绑扎固定。 7. 确认各部位连接无误。 8. 合上旁路负荷开关。 9. 对整套旁路电缆设备进行绝缘电阻检测,并放电。 10. 断开旁路负荷开关。 11. 确认两环网柜备用间隔均设施完好,且均处于断开位置。 12. 对备用间隔进行验电,确认无电。 13. 将旁路电缆接入环网柜备用间隔,并将旁路电缆终端附近的屏蔽层可靠接地。 14. 依次合上送电侧、受电侧备用间隔开关。 15. 在旁路负荷开关两侧核相,确认相位正确。 16. 断开受电侧备用间隔开关。 17. 合上旁路负荷开关。 18. 合上受电侧备用间隔开关,旁路系统送电。 19. 测量旁路电缆分流情况。 20. 断开待检修电缆线路两侧间隔开关,进行电缆线路检修。 21. 电缆线路检修结束后,将检修后的电缆线路接入两侧环网柜,并进行核相。 22. 核相正确后,依次合上检修后电缆送电侧、受电侧间隔开关,电缆线路恢复送电。 23. 依次断开旁路电缆受电侧间隔开关、旁路负荷开关、送电侧间隔开关。 24. 确认旁路电缆两侧间隔开关处于断开状态,将旁路电缆终端拆除。 25. 对旁路作业设备充分放电后,拆除整套旁路电缆设备	1. 敷设旁路电缆时,须由多名作业人员配合使旁路电缆离开地面整体敷设,防止旁路电缆与地面摩擦。 2. 连接旁路作业设备前,应对各接口进行清洁和润滑:用清洁纸或清洁布、无水酒精或其他电缆清洁剂清洁;确认绝缘表面无污物、灰尘、水分、损伤。在插拔界面均匀涂润滑硅脂。 3. 雨雪天气严禁组装旁路作业设备;组装完成的连接器允许在降雨(雪)条件下运行,但应确保旁路设备连接部位有可靠的防雨(雪)措施。 4. 旁路负荷开关组装后,应使用专用接地线将旁路开关外壳接地。 5. 旁路电缆两端的屏蔽层应采用截面面积不小于 25 mm^2 的导线接地。 6. 旁路作业设备组装好后,应合上旁路开关,逐相进行绝缘电阻检测,绝缘电阻值不得小于 500 MΩ,合格后方可投入使用。绝缘电阻检测后,旁路作业设备应充分放电。 7. 旁路电缆运行期间,应派专人看守、巡视,防止行人碰触。 8. 旁路作业设备投入运行前,必须进行核相。 9. 恢复原电缆线路供电前,必须进行核相,确认相位正确方可实施。 10. 拆除旁路作业设备前,应充分放电。 11. 旁路作业设备额定通流能力为 200 A,作业前需确认待检修线路负荷电流小于 200 A。 12. 作业过程应监测旁路电缆电流,确保小于 200 A	

续表 2-20

序号	作业步骤	作业内容	标准	备注
4	不停电检修电缆作业(待检修线路环网柜备用间隔开关断口具备核相功能,不使用旁路开关)	1. 敷设旁路作业设备防护垫布。 2. 敷设旁路防护盖板。 3. 敷设、连接旁路电缆。 4. 对旁路电缆进行分段绑扎固定。 5. 确认各部位连接无误。 6. 对整套旁路电缆设备进行绝缘电阻检测并放电。 7. 确认两环网柜备用间隔完好,且均处于断开位置。 8. 对备用间隔进行验电,确认无电。 9. 将旁路电缆接入环网柜备用间隔,并将旁路电缆两终端附近的屏蔽层可靠接地。 10. 合上送电侧备用间隔开关。 11. 在受电侧备用间隔开关处核相。 12. 核相正确后,合上受电侧备用间隔开关,旁路系统送电。 13. 测量旁路电缆分流情况。 14. 断开两环网柜需检修电缆线路两侧间隔开关,进行电缆线路检修。 15. 电缆线路检修结束后,将检修后的电缆线路接入两侧环网柜,并进行核相。 16. 核相正确后,检修后电缆线路恢复送电。 17. 依次断开旁路电缆受电侧间隔开关、送电侧间隔开关。 18. 作业人员确认旁路电缆两侧开关处于断开状态,将旁路电缆终端拆除。 19. 对旁路作业设备充分放电后,拆除整套旁路电缆设备	1. 敷设旁路电缆时,须由多名作业人员配合使旁路电缆离开地面整体敷设,防止旁路电缆与地面摩擦。 2. 连接旁路作业设备前,应对各接口进行清洁和润滑:用清洁纸或清洁布、无水酒精或其他清洁剂清洁;确认绝缘表面无污物、灰尘、水分、损伤。在插拔界面均匀涂抹硅脂。 3. 雨雪天气严禁组装旁路作业设备;组装完成的连接器允许在降雨(雪)条件下运行,但应确保旁路设备连接部位有可靠的防雨(雪)措施。 4. 旁路电缆的屏蔽层应采用截面面积不小于 25 mm^2 的导线接地。 5. 旁路作业设备组装好后,逐相进行绝缘电阻检测,绝缘电阻值不得小于 500 MΩ,合格后方可投入使用。绝缘电阻检测后,旁路作业设备应充分放电。 6. 旁路电缆运行期间,应派专人看守、巡视,防止行人碰触。 7. 旁路作业设备投入运行前,必须进行核相。 8. 恢复原电缆线路供电前,必须进行核相,确认相位正确方可实施。 9. 拆除旁路作业设备前,应充分放电。 10. 旁路作业设备额定通流能力为 200 A,作业前需确认待检修线路负荷电流小于 200 A。 11. 作业过程应监测旁路电缆电流,确保小于 200 A	

续表 2-20

序号	作业步骤	作业内容	标准	备注
5	短时停电检修电缆作业	1. 敷设旁路作业设备防潮毡布。 2. 敷设旁路防护盖板。 3. 敷设、连接旁路电缆，并分段绑扎固定。 4. 确认各部位连接无误。 5. 对整套旁路电缆设备进行绝缘电阻检测并放电。 6. 断开两侧环网柜间隔开关，待检修电缆退出运行。 7. 拆除待检修电缆的终端，检测并记录待检修电缆连接相序。 8. 对待接入的间隔进行验电，确认无电。 9. 将旁路电缆按原相序接入两侧环网柜间隔。 10. 将旁路电缆两端屏蔽层接地。 11. 作业人员分别合上送电侧、受电侧间隔开关，旁路系统投入运行。 12. 完成电缆线路检修。 13. 断开旁路电缆两侧环网柜间隔开关，旁路电缆退出运行。 14. 作业人员确认两侧环网柜间隔开关处于接地位置，将旁路电缆终端拆除。 15. 对待接入的间隔进行验电，确认无电。 16. 将检修后的电缆线路的相序按原相序接入两侧环网柜间隔。 17. 依次合上送电侧、受电侧间隔开关，电缆线路恢复送电。 18. 回收整套旁路电缆设备	1. 敷设旁路电缆时，须由多名作业人员配合使旁路电缆离开地面整体敷设，防止旁路电缆与地面摩擦。 2. 连接旁路作业设备前，应对各接口进行清洁和润滑：用清洁纸或清洁布、无水酒精或其他清洁剂清洁；确认绝缘表面无污物、灰尘、水分、损伤。在插拔界面均匀涂抹硅脂。 3. 雨雪天气严禁组装旁路作业设备；组装完成的连接器允许在降雨(雪)条件下运行，但应确保旁路设备连接部位有可靠的防雨(雪)措施。 4. 旁路作业设备组装好后，逐相进行绝缘电阻检测，绝缘电阻值不得小于 500 MΩ，合格后方可投入使用。绝缘电阻检测后，旁路作业设备应充分放电。 5. 旁路电缆运行期间，应派专人看守、巡视，防止外人碰触。 6. 旁路作业设备应按原相序接入。 7. 电缆线路检修完后，应按原相序接入。 8. 旁路电缆两端屏蔽层应采用截面面积不小于 25 mm^2 的导线接地。 9. 拆除旁路作业设备前，应充分放电。 10. 旁路作业设备额定通流能力为 200 A，作业前需检测确认待检修线路负荷电流小于 200 A。 11. 作业过程应监测旁路电缆电流，确保小于 200 A	
6	施工质量检查	现场总工作负责人检查作业质量	全面检查作业质量，无遗漏的工具、材料等	
7	完工	现场总工作负责人检查工作现场	现场总工作负责人全面检查工作完成情况	

表 2-21　旁路法不停电(短时停电)检修环网柜作业项目工作流程

序号	作业步骤	作业内容	标准	备注
1	开工	1. 现场总工作负责人与调度值班员联系。 2. 现场总工作负责人发布开始工作的命令	同表 2-20	
2	检查	1. 在作业现场设置安全围栏和警示标志。 2. 作业人员检查周围环境。 3. 检查绝缘工具、防护用具。 4. 检测绝缘工具绝缘性能。 5. 对旁路作业设备进行外观检查。 6. 检查确认环网柜备用间隔设施完好。 7. 检查确认待检修线路负荷电流小于 200 A	同表 2-20	
3	不停电作业施工	1. 敷设旁路作业设备防护垫布。 2. 敷设旁路防护盖板。 3. 在待检修环网柜的送电侧、受电侧两台环网柜之间敷设旁路电缆。 4. 在待检修环网柜与其分支环网柜之间敷设旁路电缆。 5. 连接旁路电缆,采用 T 形连接器连接待检修环网柜两侧及分支侧之间的旁路电缆。 6. 对旁路电缆进行分段绑扎固定。 7. 分别在待检修环网柜的受电侧环网柜附近、分支侧环网柜附近设置旁路负荷开关。 8. 连接旁路负荷开关。 9. 确认各部位连接无误。 10. 合上旁路负荷开关。 11. 对整套旁路电缆设备进行绝缘电阻检测并放电。 12. 断开旁路负荷开关。 13. 确认待检修环网柜的送电侧、受电侧、分支侧三台环网柜备用间隔均完好,且处于断开位置。 14. 对备用间隔进行验电,确认无电。 15. 将旁路电缆终端接入三台环网柜备用间隔,并将旁路电缆终端附近的屏蔽层可靠接地。 16. 合上送电侧环网柜备用间隔开关。 17. 合上受电侧环网柜备用间隔开关。 18. 在受电侧旁路开关处核相,确认相位正确。 19. 断开受电侧环网柜备用间隔开关。 20. 合上受电侧旁路开关。	同表 2-20	

续表 2-21

序号	作业步骤	作业内容	标准	备注
3	不停电作业施工	21. 合上受电侧环网柜备用间隔开关。 22. 测量受电侧旁路电缆分流情况。 23. 合上分支侧环网柜备用间隔开关。 24. 在分支侧旁路开关处核相,确认相位正确。 25. 断开分支侧环网柜备用间隔开关。 26. 合上分支侧旁路开关。 27. 合上分支侧环网柜备用间隔开关。 28. 测量分支侧旁路电缆分流情况。 29. 拉开与待检修环网柜连接的电缆线路送电侧、受电侧、分支侧三台环网柜间隔开关。 30. 进行环网柜的检修。 31. 环网柜检修后,将电缆线路按原相位接入检修后的环网柜。 32. 核相正确后,作业人员依次合上检修后环网柜送电侧、受电侧、分支侧三台环网柜间隔开关,检修环网柜恢复送电。 33. 断开分支侧、受电侧环网柜备用间隔开关。 34. 断开分支侧、受电侧旁路开关。 35. 断开送电侧环网柜备用间隔开关。 36. 确认旁路电缆两侧间隔开关处于断开状态,将旁路电缆终端拆除。 37. 对旁路作业设备充分放电后,拆除整套旁路电缆设备	同表 2-20	
4	短时停电作业施工	1. 敷设旁路作业设备防护垫布、旁路防护盖板。 2. 在待检修环网柜两侧的环网柜之间敷设旁路电缆。 3. 在待检修环网柜与其分支环网柜之间敷设旁路电缆。 4. 连接旁路电缆,采用 T 形连接器连接待检修环网柜两侧及分支侧之间的旁路电缆。 5. 对旁路电缆进行分段绑扎固定。 6. 对整套旁路电缆设备进行绝缘电阻检测并放电。 7. 断开与待检修环网柜连接的受电侧、分支侧、送电侧三台环网柜间隔开关。 8. 拆除与待检修环网柜连接的受电侧、分支侧、送电侧三台环网柜间隔开关上的电缆终端,检测并记录待检修电缆连接相序。	同表 2-20	

续表 2-21

序号	作业步骤	作业内容	标准	备注
4	短时停电作业施工	9. 将旁路电缆按原相序接入受电侧、分支侧、送电侧三台环网柜间隔开关。 10. 分别合上送电侧、受电侧、分支侧间隔开关,旁路系统投入运行。 11. 完成环网柜的检修。 12. 断开旁路电缆连接的送电侧、受电侧、分支侧间隔开关,旁路电缆退出运行。 13. 作业人员确认环网柜间隔开关处于接地位置,将旁路电缆终端拆除。 14. 对备用间隔进行验电,确认无电。 15. 将电缆线路按原相序接入检修后的环网柜间隔。 16. 将电缆线路按原相序接入送电侧、受电侧、分支侧环网柜间隔开关。 17. 依次合上送电侧、受电侧、分支侧环网柜间隔开关,电缆线路恢复送电。 18. 对旁路作业设备充分放电后,拆除整套旁路电缆设备	同表 2-20	
5	施工质量检查	现场总工作负责人检查作业质量	同表 2-20	
6	完工	现场总工作负责人检查工作现场	同表 2-20	

2. 操作示意图

不停电(短时停电)检修两环网柜间电缆线路作业现场示意图如图 2-48 所示。

图 2-49~图 2-57 所示为不停电(短时停电)检修两环网柜间电缆线路作业关键步骤示意图。

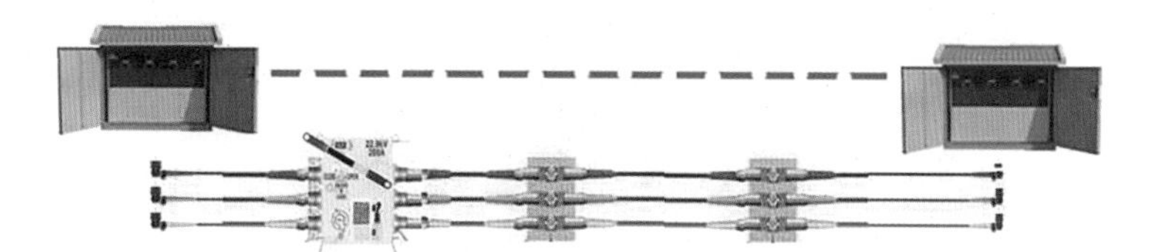

(a)不停电检修电缆作业，待检修电缆线路两侧环网柜有备用间隔，且开关断口两侧不具备核相功能

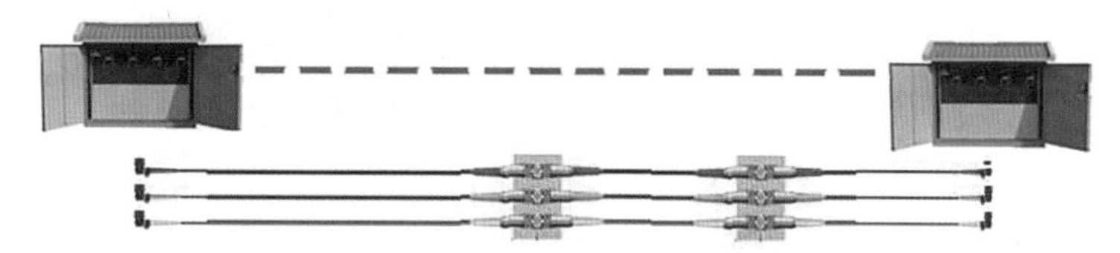

(b)不停电检修电缆作业，待检修电缆线路两侧环网柜有备用间隔，且开关断口两侧具备核相功能

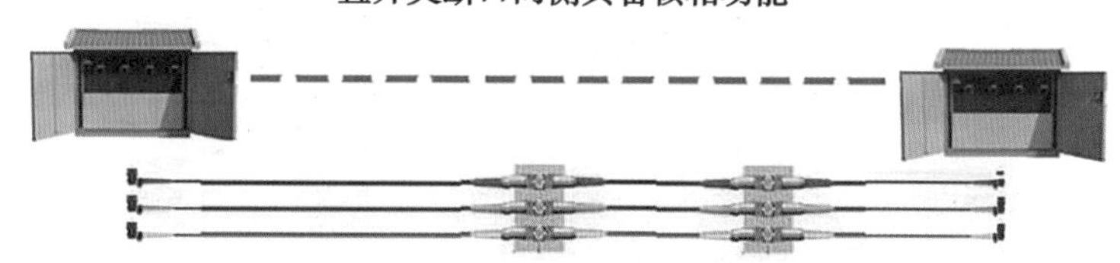

(c)短时停电检修电缆作业，待检修电缆线路两侧环网柜没有备用间隔

图 2-48　不停电(短时停电)检修两环网柜间电缆线路作业现场示意图

图 2-49　绑扎三相电缆

图 2-50　设置旁路电缆过街保护盒

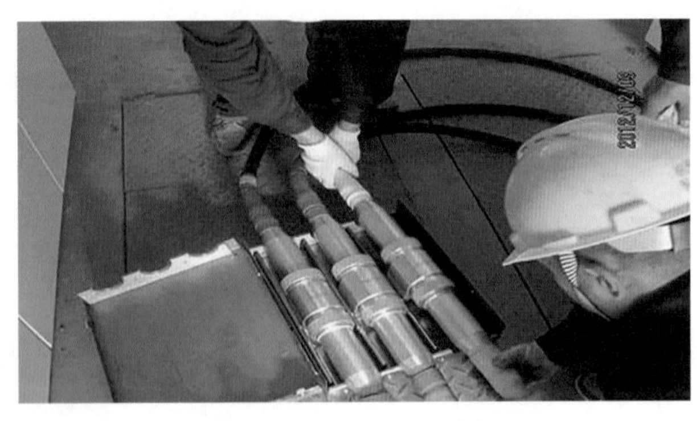

图 2-51　设置接头保护盒

图 2-52　合上旁路开关

图 2-53　对旁路作业设备进行绝缘电阻检测

图 2-54　对旁路作业设备放电

图 2-55　断开旁路开关

图 2-56　对备用间隔验电

图 2-57　将旁路电缆连接至两侧环网柜备用间隔，并将屏蔽层接地

图 2-58 所示为旁路法不停电(短时停电)检修环网柜作业现场示意图。

图 2-59～图 2-63 所示为旁路法不停电(短时停电)检修环网柜作业关键步骤示意图。

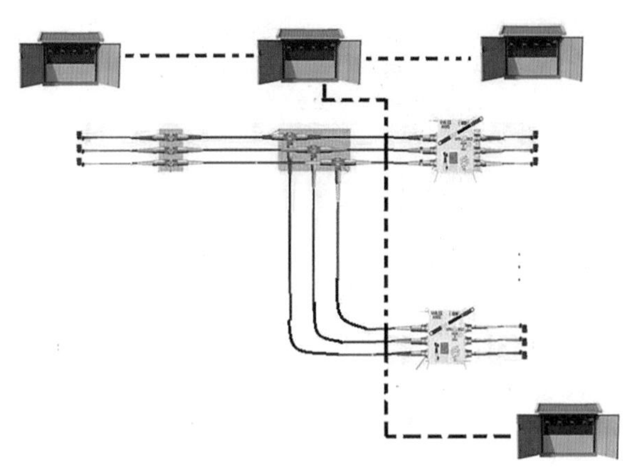

(a)待检修环网柜的送电侧、受电侧、分支侧的环网柜均有备用间隔，且环网柜开关断口两侧不具备核相功能

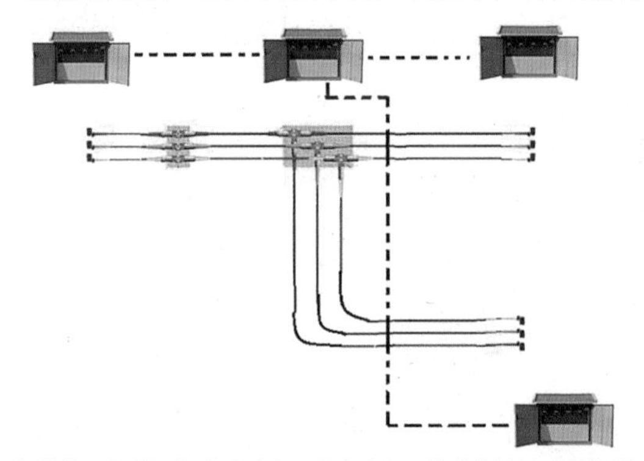

(b)待检修环网柜的送电侧、受电侧、分支侧的环网柜均有备用间隔，且环网柜开关断口两侧具备核相功能

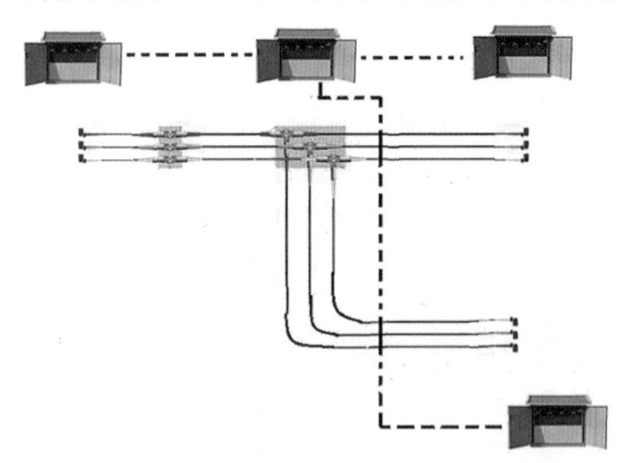

(c)待检修环网柜的送电侧、受电侧、分支侧的三台环网柜没有备用间隔

图 2-58　旁路法不停电(短时停电)检修环网柜作业现场示意图

图 2-59　敷设旁路电缆

图 2-60　设置过街保护盒

图 2-61　连接快速插拔旁路电缆 T 形连接器(1)

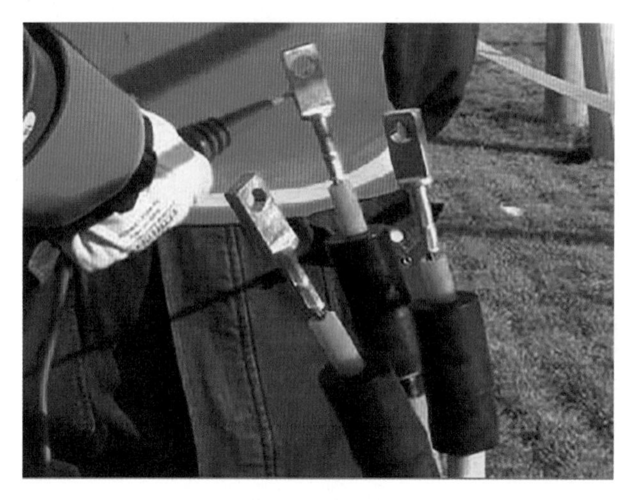

图 2-62　连接快速插拔旁路电缆 T 形连接器(2)

图 2-63　监测负荷电流

三、临时取电作业

(一)项目原理

采用旁路作业设备,从就近的架空线路、环网柜、可带电插拔电缆分支箱临时取电,给因故障造成停电的重要用户或居民用户应急供电,给保电用户提供备用电源,解决重要用户或居民用户故障停电时间长的问题,增加重要用户保电技术手段。本节主要介绍:

(1)从架空线路(环网柜、可带电插拔电缆分支箱)临时取电给环网柜(分支箱)供电作业。

(2)从架空线路(环网柜、可带电插拔电缆分支箱)临时取电给移动箱变供电作业。

(二)引用的规程规范

(1)《10 kV 电缆线路不停电作业技术导则》(Q/GDW 710—2012)。

(2)《10 kV 架空配电线路带电作业管理规范》(Q/GDW 520—2010)。

(3)《配电网运行规程》(Q/GDW 519—2010)。

(4)《国家电网公司电力安全工作规程(线路部分)》(国家电网安监〔2009〕664号)。

(5)《10 kV旁路作业设备技术条件》(Q/GDW 249—2009)。

(6)《10 kV旁路电缆连接器使用导则》(Q/GDW 1812—2013)。

(三)准备工作

1. 危险点

(1)工作监护人违章兼做其他工作或监护不到位,使作业人员失去监护。

(2)旁路电缆设备投运前未进行外观检查及绝缘性能检测,因设备损伤或有缺陷未及时发现而造成人身、设备事故。

(3)断、接旁路电缆引线时,引线脱落造成接地或相间短路事故。

(4)旁路电缆屏蔽层未在环网柜或旁路负荷开关外壳等地方进行两点及以上接地,屏蔽层存在感应电压,造成人身伤害。

2. 安全措施

(1)专责监护人应履行监护职责,不得兼做其他工作,要选择便于监护的位置,监护的范围不得超过一个作业点。

(2)旁路作业现场应有专人负责指挥施工,多班组作业时应做好现场的组织、协调工作。作业人员应听从工作负责人指挥。

(3)作业现场及工具摆放位置周围应设置安全围栏、警示标志,防止行人及其他车辆进入作业现场。

(4)旁路开关应编号,操作之前应核对开关编号及状态。

(5)严格按照倒闸操作票进行操作,并执行唱票制。

(6)旁路系统连接好后,合上开关,进行绝缘电阻检测;测量完毕后应进行放电,并断开旁路开关。

(7)敷设旁路电缆时,须由多名作业人员配合使旁路电缆离开地面整体敷设,防止旁路电缆与地面摩擦。连接旁路电缆时,仔细清理电缆插头、插座,并按规定要求涂绝缘硅脂。

(8)三相旁路电缆应分段绑扎固定。

3. 工器具及材料选择

本任务所需要的工器具及材料如表2-22所示。

表2-22　临时取电作业项目所需工器具及材料

序号	分类	工具名称	规格型号	数量	备注
1	主要作业车辆	绝缘斗臂车		1辆	
		移动箱变车		1辆	临时取电给移动箱变供电作业用
		旁路电缆展放车		1辆	
		设备运输车		1辆	

续表 2-22

序号	分类	工具名称	规格型号	数量	备注
2	绝缘防护用具	绝缘手套	10 kV	2 副	
		防护手套		2 副	
		绝缘服(袖套、披肩)	10 kV	2 副	
		绝缘鞋(靴)	10 kV	2 双	
		护目镜		2 副	
		安全带		1 副	登杆用
		安全带		2 副	斗内电工用
		绝缘安全帽	10 kV	2 顶	
		普通安全帽		若干	
		脚扣		1 副	
3	绝缘遮蔽用具	绝缘毯	10 kV	6 块	
		导线遮蔽罩	10 kV	6 个	
		绝缘毯夹		10 个	
4	绝缘操作工具	绝缘导线剥皮器		1 个	
		绝缘操作杆	10 kV	1 根	分、合旁路开关用
		绝缘放电杆及接地线		1 副	
5	个人工器具	钳子		2 把	
		活络扳手		2 把	
		电工刀		2 把	
		螺丝刀		2 把	
6	辅助工具	对讲机		4 个	
		防潮垫或毡布		2 块	
		安全警示带(牌)		10 套	
		斗外工具箱		1 个	
		绝缘 S 钩		1 个	
		斗外工具袋		1 个	
		绝缘绳		9 条	

续表 2-22

序号	分类	工具名称	规格型号	数量	备注
7	旁路作业设备	旁路电缆	10 kV	若干	与架空线和环网柜连接
		旁路电缆终端	10 kV	若干	
		旁路电缆连接器	10 kV	若干	
		旁路负荷开关	10 kV/200 A	1 台	
		旁路负荷开关固定器		1 个	
		余缆杆上支架		1 个	
		旁路电缆保护盒		若干	
		旁路电缆连接器保护盒		若干	
		绑扎绳		若干	
		绝缘自粘带		若干	
8	仪器仪表	钳形电流表		1 块	
		核相仪		1 块	
		绝缘电阻测试仪	2 500 V 及以上	1 台	
		温湿度仪		1 块	
		风速仪		1 块	
		验电器	10 kV	1 个	

4. 作业人员分工

本任务作业人员分工如表 2-23 所示。

表 2-23　临时取电作业项目作业人员分工

人员分工	人数	工作内容
现场总工作负责人	1 人	全面负责现场作业
小组工作负责人(兼监护人)	视现场工作班组数量	负责各小组作业安全,并履行工作监护
电缆不停电作业组	视现场工作情况	负责敷设及回收旁路电缆工作,负责电缆连接和核相工作
倒闸操作组	视现场工作情况	负责开关的倒闸操作

(四)工作程序及操作示意图

1. 工作流程

本节将两个临时取电作业项目的工作流程进行分别介绍,表 2-24 所示为从架空线路(环网柜、可带电插拔电缆分支箱)临时取电给环网柜(分支箱)供电作业项目工作流程,表 2-25 所示为从架空线路(环网柜、可带电插拔电缆分支箱)临时取电给移动箱变供电作业项目工作流程。

表 2-24 从架空线路(环网柜、可带电插拔电缆分支箱)临时取电给环网柜(分支箱)供电作业项目工作流程

序号	作业步骤	作业内容	标准	备注
1	开工	1. 现场总工作负责人与调度值班员联系。 2. 现场总工作负责人发布开始工作的命令	1. 现场总工作负责人与调度值班员履行许可手续,确认重合闸已停用。 2. 现场总工作负责人应分别向作业人员宣读工作票,布置工作任务,明确人员分工、作业程序、现场安全措施,进行危险点告知,并履行确认手续。 3. 现场总工作负责人发布开始工作的命令	
2	检查	1. 在作业现场设置安全围栏和警示标志。 2. 作业人员检查电杆、拉线及周围环境。 3. 检查绝缘工具、防护用具。 4. 检测绝缘工具绝缘性能。 5. 对旁路作业设备进行外观检查。 6. 检查确认待取电环网柜间隔设施完好。 7. 检查确认待检修线路负荷电流小于 200 A	1. 安全围栏和警示标志满足规定要求。 2. 电杆、拉线基础完好,拉线无腐蚀情况,线路设备及周围环境满足作业条件。 3. 绝缘工具、防护用具性能完好,并在试验周期内。 4. 使用绝缘电阻检测仪对绝缘工具进行分段绝缘检测。绝缘电阻值不小于 700 MΩ。 5. 检查旁路电缆的外护套是否有机械性损伤;检查电缆接头与电缆的连接部位是否有折断现象;检查电缆接头绝缘表面是否有损伤;检查开关的外表面是否有机械性损伤。 6. 确认环网柜间隔设施完好。 7. 旁路作业设备额定通流能力为 200 A,作业前须检测确认待接入线路负荷电流不大于 200 A	

续表 2-24

序号	作业步骤	作业内容	标准	备注
3	操作绝缘斗臂车	1. 绝缘斗臂车进入工作现场,定位于合适的工作位置并装好接地线。如使用吊车起吊开关,吊车进入工作现场,定位于最佳工作位置并装好接地线。 2. 操作绝缘斗臂车空斗试操作,确认液压传动、回转、升降、伸缩系统工作正常、操作灵活,制动装置可靠。 3. 斗内电工穿戴好安全防护用具,经带电作业工作负责人检查无误后,进入工作斗。 4. 升起工作斗,定位到便于作业的位置	1. 根据地形地貌和作业项目,将绝缘斗臂车定位于合适的作业位置。 2. 装好(车用)接地线。 3. 打开绝缘斗臂车的警示灯,绝缘斗臂车前后应设置警示标志。 4. 不得在坡度大于 5° 的路面上操作绝缘斗臂车	
4	绝缘遮蔽	绝缘斗臂车斗内电工对作业范围内的所有带电体和接地体进行绝缘遮蔽	1. 在接近带电体过程中,应使用验电器从下方依次验电。 2. 对带电体设置绝缘遮蔽时,按照从近到远的原则,从离身体最近的带电体依次设置;对上下多回分布的带电导线设置遮蔽用具时,应按照从下到上的原则,从下层导线开始依次向上层设置;对导线、绝缘子、横担的设置次序是按照从带电体到接地体的原则,先放导线遮蔽罩,再放绝缘子遮蔽罩,然后对横担进行遮蔽。 3. 使用绝缘毯时应用绝缘夹夹紧,防止脱落。搭接的遮蔽用具的重叠部分不得小于 15 cm。 4. 对在工作斗升降中可能触及范围内的低压带电部件也须进行遮蔽	

续表 2-24

序号	作业步骤	作业内容	标准	备注
5	从架空线路临时取电给环网柜供电作业	1. 敷设旁路作业设备防护垫布。 2. 敷设旁路防护盖板。 3. 敷设旁路电缆。 4. 斗内电工、杆上电工相互配合，斗内电工升起工作斗定位于安装旁路开关位置，在杆上电工配合下安装旁路开关及余缆工具，旁路开关外壳应良好接地。 5. 将与架空线连接的旁路电缆及终端固定在电杆上。 6. 连接旁路电缆并进行分段绑扎固定。 7 将环网柜侧的旁路电缆终端与旁路负荷开关连接好。 8. 斗内电工、杆上电工相互配合，将旁路电缆与旁路开关连接好，将剩余电缆可靠固定在余缆工具上，杆上电工返回地面。 9. 工作完成检查各部位连接无误，将已安装的旁路电缆首、末终端分别置于悬空位置，斗内电工合上旁路开关。 10. 使用绝缘电阻检测仪对组装好的旁路作业设备进行绝缘电阻检测。 11. 绝缘电阻检测完毕，将旁路电缆分相可靠接地充分放电后，将旁路开关断开。 12. 确认待取电的环网柜进线间隔开关与电源侧断开。 13. 验电后，将旁路电缆终端按照原系统相位安装到环网柜进线间隔上，并将旁路电缆的屏蔽层接地。 14. 斗内电工经带电作业工作负责人同意，按相位依次将旁路开关电源侧旁路电缆终端与架空导线连接好返回地面。 15. 合上旁路负荷开关，并锁死保险环。 16. 合上取电环网柜进线间隔开关，完成取电工作。 17. 临时取电给环网柜工作完成后，断开取电环网柜进线间隔开关。 18. 断开旁路负荷开关。 19. 斗内电工经带电作业工作负责人同意，确认旁路开关断开后，拆除旁路开关电源侧旁路电缆终端与架空导线的连接，并恢复导线绝缘。	1. 敷设旁路电缆时，须由多名作业人员配合使旁路电缆离开地面整体敷设，防止旁路电缆与地面摩擦。 2. 连接旁路作业设备前，应对各接口进行清洁和润滑：用清洁纸或清洁布、无水酒精或其他清洁剂清洁；确认绝缘表面无污物、灰尘、水分、损伤。在插拔界面均匀涂抹硅脂。 3. 雨雪天气严禁组装旁路作业设备；组装完成的连接器允许在降雨(雪)条件下运行，但应确保旁路设备连接部位有可靠的防雨(雪)措施。 4. 旁路开关组装后，应使用专用接地线将旁路开关外壳接地。 5. 旁路作业设备组装好后，应合上旁路开关，逐相进行旁路作业设备的绝缘电阻检测，绝缘电阻值不得小于 500 MΩ，合格后方可投入使用。绝缘电阻检测后，旁路作业设备应充分放电。 6. 旁路电缆运行期间，应派专人看守、巡视，防止行人碰触。运行中的旁路开关应在明显位置挂“禁止分闸”警示牌。 7. 旁路作业设备投入运行前，必须进行核相。 8. 恢复原线路供电前，必须进行核相，确认相位正确方可实施。 9. 拆除旁路作业设备前，应充分放电。 10. 旁路电缆屏蔽层应采用截面面积不小于 25 mm^2 的导线接地。 11. 旁路作业设备额定通流能力为 200 A，作业前须检测确认待检修线路负荷电流不大于 200 A。 12. 作业过程应监测旁路电缆电流，确保小于 200 A	

续表 2-24

序号	作业步骤	作业内容	标准	备注
5		20. 合上旁路负荷开关,对旁路电缆可靠接地充分放电后,拆除环网柜进线间隔处旁路电缆终端。 21. 斗内电工、杆上电工相互配合,依次拆除旁路电缆、旁路开关、余缆工具及杆上绝缘遮蔽用具返回地面		
6	施工质量检查	现场总工作负责人检查作业质量	全面检查作业质量,无遗漏的工具、材料等	
7	完工	现场总工作负责人检查工作现场	现场总工作负责人全面检查工作完成情况	

表 2-25　从架空线路(环网柜、可带电插拔电缆分支箱)临时取电给移动箱变供电作业项目工作流程

序号	作业步骤	作业内容	标准	备注
1	开工	1. 现场总工作负责人与调度值班员联系。 2. 现场总工作负责人发布开始工作的命令	同表 2-24	
2	检查	1. 在作业现场设置安全围栏和警示标志。 2. 作业人员检查电杆、拉线及周围环境。 3. 检查绝缘工具、防护用具。 4. 检测绝缘工具绝缘性能。 5. 对旁路作业设备进行外观检查。 6. 检查确认待取电环网柜间隔设施完好。 7. 检查确认电源侧环网柜备用间隔设施完好。 8. 检查确认待检修线路负荷电流小于 200 A	同表 2-24	

续表 2-25

序号	作业步骤	作业内容	标准	备注
3	从环网柜临时取电给移动箱变供电	1. 敷设旁路作业设备防护垫布。 2. 敷设旁路防护盖板。 3. 敷设旁路电缆。 4. 连接旁路电缆并进行分段绑扎固定。 5. 使用绝缘电阻检测仪对组装好的旁路作业设备进行绝缘电阻检测,绝缘性能检测完毕,将旁路电缆分相可靠接地、充分放电。 6. 确认待取电的用户与原电源的连接断开。 7. 验电后,将旁路电缆终端安装到移动箱变上;将低压侧按原相序接至用户。 8. 确认供电环网柜备用间隔处于断开位置。 9. 验电后,将旁路电缆按原相序与供电环网柜备用间隔连接。 10. 依次合上供电环网柜备用间隔开关,以及移动箱变高压侧、低压侧开关,完成取电工作。 11. 临时取电给移动箱变工作完成后,断开移动箱变低压侧开关。 12. 断开移动箱变高压侧开关。 13. 断开供电环网柜备用间隔开关。 14. 电缆作业人员确认旁路作业设备退出运行,对旁路电缆可靠接地、充分放电后,拆除旁路电缆终端。 15. 作业人员将旁路作业设备地面防护装置收好装车	同表 2-24	
4	施工质量检查	现场总工作负责人检查作业质量	同表 2-24	
5	完工	现场总工作负责人检查工作现场	同表 2-24	

2. 操作示意图

从架空线路(环网柜、可带电插拔电缆分支箱)临时取电给环网柜(分支箱)供电作业现场示意图如图 2-64 所示。

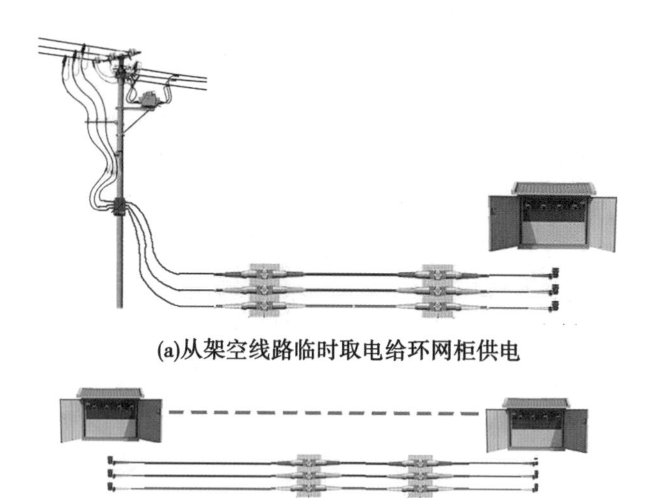

(a)从架空线路临时取电给环网柜供电

(b)从环网柜临时取电给环网柜供电

图 2-64　从架空线路(环网柜、可带电插拔电缆分支箱)临时取电给环网柜(分支箱)供电作业现场示意图

图 2-65~图 2-67 所示为从架空线路(环网柜、可带电插拔电缆分支箱)临时取电给环网柜(分支箱)供电作业关键步骤示意图。

图 2-65　安装旁路作业设备

图 2-66　合上旁路开关

图 2-67　带电连接旁路电缆终端与架空线路

从架空线路(环网柜、可带电插拔电缆分支箱)临时取电给移动箱变供电作业现场示意图如图 2-68 所示。

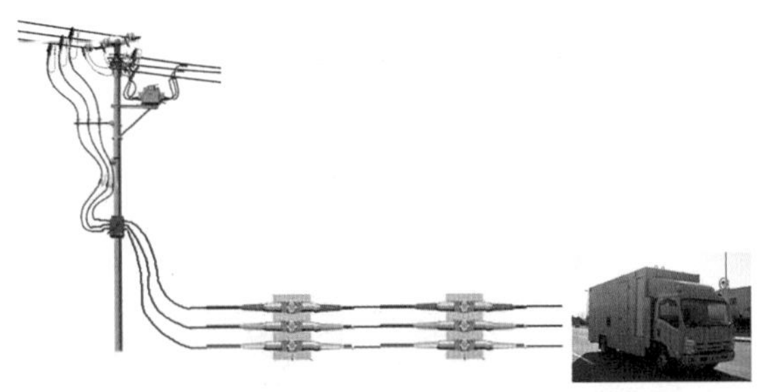

(a)从架空线路临时取电给移动箱变供电

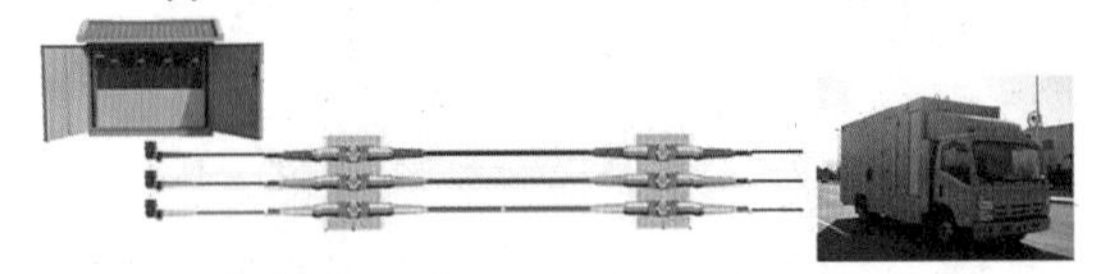

(b)从环网柜临时取电给移动箱变供电

图 2-68　从架空线路(环网柜、可带电插拔电缆分支箱)
临时取电给移动箱变供电作业现场示意图

图 2-69、图 2-70 所示为从架空线路(环网柜、可带电插拔电缆分支箱)临时取电给移动箱变供电作业关键步骤示意图。

图 2-69　对旁路作业设备放电

图 2-70　依次合上送电、受电侧环网柜开关，
实现临时取电

第三章

电力电缆的故障测寻

第一节　概　述

本节主要介绍电力电缆发生故障的常见原因、电缆故障分类，以及电缆故障测寻的原理、一般步骤。

一、常见电缆故障原因

电缆故障有可能发生在电缆生产、施工、运行等任意环节，因此其故障原因的分类也是多种多样的，若按照电缆从生产到使用的过程中常见故障类型来分，则可以分为以下几种。

（一）电缆设计中的伤害

电缆的生产要经历电缆设计过程，若设计不到位，将会使电缆先天就存在问题。常见的电缆设计问题包括：

（1）防水不严密。

（2）选用材料不妥当。

（3）工艺程序不合理。

（4）机械强度不充足。

（二）电缆生产过程中的伤害

电缆生产过程的问题也可能会进一步引起故障：

（1）由于电缆线芯与纸绝缘中的浸渍剂、塑料电缆中的绝缘物等物质，各自的膨胀系数不同，所以在制造过程中，不可避免地会产生气隙，导致绝缘性能降低。

（2）如果电缆在制造过程中，绝缘层内混入了杂质，或半导体层有缺陷（同绝缘剥离），或线芯绞合不紧，或线芯有毛刺等，都会使电场集中，引起游离老化。

交联聚乙烯电缆中由杂质和气隙引起的一些击穿故障，一般在电缆绝缘中呈“电树”现象，如图 3-1 所示。

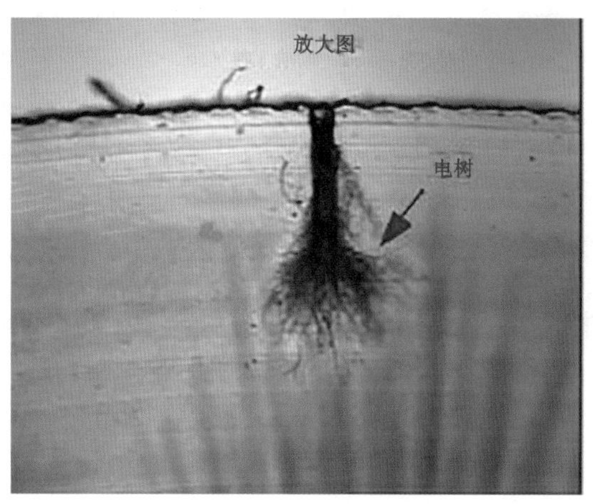

图 3-1　“电树”现象

(3)电缆贮运中不封端而导致线芯大量进水等。

上述缺陷一般不易被发现,往往是在检修或试验中发现其绝缘电阻低、泄漏电流大,甚至耐压击穿。

(三)电缆敷设中的伤害

电缆敷设过程中,由于部分施工单位的操作问题导致电缆故障,其中主要因素有:

(1)电力电缆的敷设施工未按要求和规程进行。如机械牵引力过大而拉损电缆;电缆弯曲过度而损伤绝缘层或屏蔽层;在允许施工温度以下的野蛮施工致使绝缘层和保护层损伤(见图3-2);电缆剥切尺寸过大、刀痕过深等损伤。

图3-2 野蛮施工致使电缆断裂

(2)敷设过程中,用力不当,牵引力过大,使用的工具、器械不对,造成电缆护层机械损伤(见图3-3),时间一长便会产生故障。

图3-3 电缆护层机械损伤

(3)单芯高压电缆护层交叉换位接线错误,使护层中感应电压过高、环流过大引发故障。

(四)电缆运行中的伤害

1. 机械外力损伤

1)直接受外力损坏

如进行城市建设,交通运输,地下管线工程施工、打桩、起重、转运等误伤电缆。或是电缆敷设到地下后,长期受到车辆、重物等压力和冲击力作用,造成电缆下沉、铅包龟裂及中间接头拉断、拉裂等事故的发生。

2)自然损伤

如中间接头或终端头的绝缘胶膨胀而胀裂外壳或附近电缆护套;因自由行程而使电缆管口、支架处的电缆外皮擦破;因土地沉降、滑坡等引起的过大拉力而拉断中间接头或电缆本体;因温度太低而冻裂电缆或附件等。

2. 绝缘受潮

绝缘受潮一般可在绝缘电阻和直流耐压试验中发现,表现为绝缘电阻降低、泄漏电流增大。一般造成绝缘受潮的原因有以下几种:

(1)电缆接头制作不合格和在潮湿的气候条件下做接头,会使接头进水或混入水蒸气,时间一长便会在电场作用下形成“水树”,逐渐损害电缆的绝缘强度而造成故障。

(2)电缆制造不良,电缆外护层有孔或裂纹。

(3)电缆护套被异物刺穿或被腐蚀穿孔。

塑料类绝缘的电缆中有水分侵入,使绝缘纤维产生水解,在电场集中处形成“水树”现象(见图3-4),使绝缘性能逐渐降低。

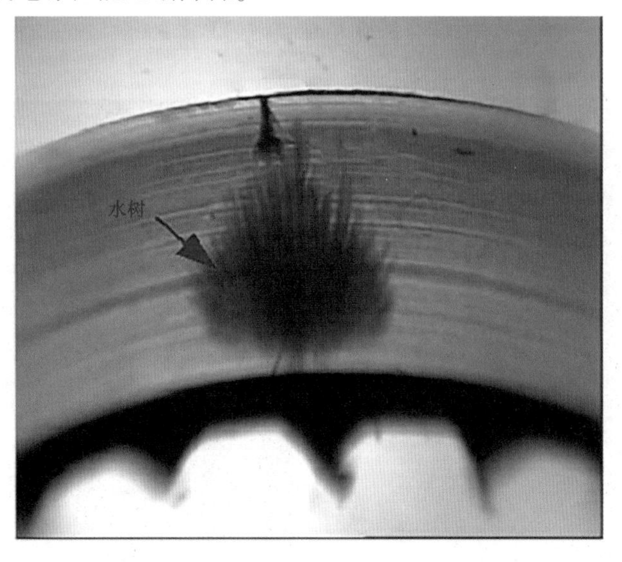

图3-4　“水树”现象

3. 绝缘老化

电缆绝缘长期在电和热的作用下运行,其物理性能会发生变化,从而导致其绝缘强度降低或介质损耗增大而最终引起绝缘崩溃者为绝缘老化。运行时间特别久(30~40年以上)的则称为正常老化。如属于运行不当而在较短年份内发生类似情况者,则认为是绝缘过早老化。可引起绝缘过早老化的主要原因有:

(1)电缆线路周围靠近热源,使电缆局部或整个电缆线路长期受热而过早老化。

(2)电缆工作在可与电缆绝缘起不良化学反应的环境中而过早老化。

4. 过电压

电力电缆因雷击或其他冲击过电压而损坏的情况在电缆线路上并不多见。因为电缆绝缘在正常运行电压下所承受的电应力,约为新电缆所能承受的击穿试验时承受电应力的 1/10。因此,一般情况下,3~4 倍的大气过电压或操作过电压对于绝缘良好的电缆不会有太大的影响。但实际上,电缆线路在遭受雷击时被击穿的情况并不罕见。从现场故障实物的解剖分析可以确认,这些击穿点往往早已存在较为严重的某种缺陷,雷击仅是较早地激发了该缺陷。容易被过电压激发而导致电缆绝缘击穿的缺陷主要有:

(1)绝缘层内含有气泡、杂质或绝缘油干枯。

(2)电缆内屏蔽层上有节疤或遗漏。

(3)电缆绝缘已严重老化。

5. 附件制作质量不佳

附件制作质量不佳(见图 3-5)的主要因素有:

(1)接头制作未按技术标准操作,制作工艺不良,密封性能差。

(2)接头材料使用不当,电缆附件不符合国家颁布的现行技术标准。

(3)电缆接头盒铸铁件出现裂缝、砂眼,造成水分侵入,形成击穿闪络故障。

(4)纸绝缘铅包电缆搪铅处,有砂眼、气孔或封铅时温度过高,破坏了内部绝缘,使绝缘水平下降。

(5)塑料电缆由于密封不良,冷、热缩管厚薄不均匀,缩紧后反复弯曲引起气隙,造成闪络放电现象。

(a)绝缘层划伤

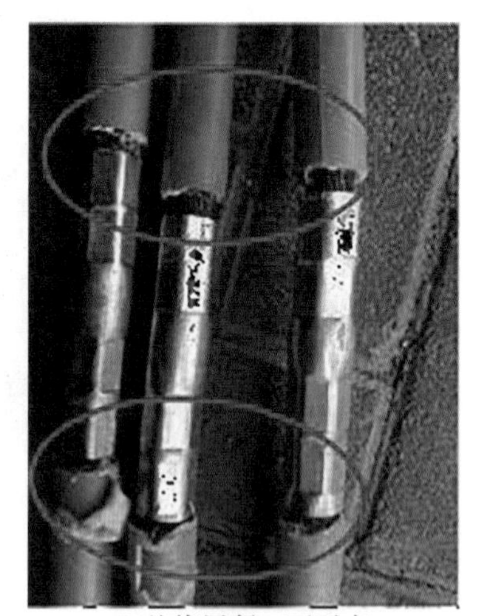

(b)绝缘层断口不平齐

图 3-5 附件制作质量不佳

6. 化学腐蚀

电缆直接埋在有酸碱作用的地区,往往会造成电缆的铠装、铅皮或外护层被腐蚀,保护层长期遭受化学腐蚀或电解腐蚀,致使保护层失效、绝缘降低,也会导致电缆故障。

7. 长期过负荷运行

电缆过负荷运行，由于电流的热效应，负载电流通过电缆时必然导致导体发热，同时电荷的集肤效应以及钢铠的涡流损耗、绝缘介质损耗也会产生附加热量，从而使电缆温度升高。长期超负荷运行时，过高的温度会加速绝缘的老化，致使绝缘被击穿。尤其在炎热的夏季，电缆的温升常常导致电缆绝缘薄弱处首先被击穿，因此在夏季，电缆故障也就特别多。

二、电缆线路故障分类

实际上，电力电缆的故障有些是某一种原因造成的，而大多数则是由几种原因共同作用的结果。因此，电力电缆的故障原因是极其复杂的。电力电缆的故障形式千差万别，为便于电缆故障的诊断与研究，对电力电缆故障进行分类显得十分必要。

电缆线路的故障，根据不同部门的需要，可以有不同的分类方式，现分述如下。

（一）按故障部位分类

1. 电缆本体故障

由于各种原因，诸如人为因素，如过负荷运行、外力破坏等，还有物理化学性腐蚀、自然老化等造成的各种性质的发生在电缆本体上的故障（见图 3-6）。

图 3-6　电缆本体故障

2. 电缆接头故障

通常电缆故障的相当一部分为接头故障（见图 3-7），指电缆的终端头、中间接头等部位发生的故障。一般多见于泄漏性高阻故障。可分为电缆中间接头故障、电缆户内终端头故障、电缆户外终端头故障。

（二）按电缆绝缘降低类型分类

1. 主绝缘故障

主绝缘故障是指因各种原因使电缆线芯主绝缘绝缘性能降低，达不到电缆正常运行标准的现象。各种电压等级、各种结构类型的电缆，都会发生主绝缘故障。人们常说的电

图 3-7　电缆接头故障

缆故障基本都指的是主绝缘故障。

2. 护层故障

护层故障是指单芯中高压电缆外绝缘护层降低，达不到电缆运行标准的现象（见图 3-8）。一段单芯电缆金属护层出现两点及以上接地时，金属护层中感应的环流可达线芯电流的 50%～95%，感应电流所产生的热损耗会极大地降低电缆的载流量，并加速电缆主绝缘的电-热老化，大幅缩短电缆的使用寿命。更为严重的是，环流会使护层故障点发热着火，引起主绝缘击穿事故及电缆通道着火等特大安全事故。

图 3-8　电缆护层故障

（三）按故障时间分类

（1）运行故障。运行故障是指电缆在运行中因绝缘击穿或导线烧断而引起保护器动作，突然停止供电的故障。

（2）试验故障。试验故障是指在预防性试验中绝缘击穿或绝缘不良而必须进行检修后才能恢复供电的故障。

（四）按故障责任分类

（1）人员过失。电缆选型不当，中间接头和终端头结构设计失误，运行不当，维护不良等。

（2）设备缺陷。电缆制造缺陷，电缆中间接头和终端头附件材料缺陷，设备的遗留缺陷，安装方式不当或施工工艺不良等造成的中间接头和终端头质量缺陷。

(3)自然灾害。雷击、水淹、台风袭击、鸟害、虫害、泥石流、地沉、地震、天体坠落等。

(4)正常老化。一般电缆运行30年以上的绝缘老化,户外终端头运行20年以上的浸潮,垂直敷设的油纸电缆在20年以上的高端干枯等。

(5)外力损坏、腐蚀、用户过失及新产品、新技术的试用等。

(五)按结构特性分类

(1)单相接地故障。电缆一芯主绝缘对地击穿故障。

(2)相间短路故障。电缆两芯或者三芯短路故障。

(3)断线故障。电缆的一芯或多芯导体或者金属屏蔽层完全断开的故障。

(4)混合性故障。电缆中同时存在两种以上故障的情况。

(六)按故障性质分类

(1)低阻故障。即低电阻接地或短路故障。电缆一芯或数芯对地绝缘电阻或芯与芯之间的绝缘电阻低于$10Z_c$(Z_c为电缆特性阻抗,一般不超过40 Ω),而导体连续性良好者称为低阻故障。一般常见的低阻故障有单相接地、两相短路或接地等。

需要说明的是,本书定义的低阻故障和高阻故障的分界值$10Z_c$不是一个精确的数值,而是一个模糊的概念。因为电缆的特性阻抗随着不同的电缆结构而变化(如240 mm^2的电缆Z_c为10 Ω,35 mm^2的电缆Z_c为40 Ω),而这样定义的根本原因是划分脉冲反射诊断技术中低压脉冲法是否可以测试,也就是说,绝缘电阻大约在$10Z_c$以下的电缆故障可用低压脉冲法测试,否则低压脉冲法不能测试。

在现场低阻故障以能否用低压脉冲法测出故障波形为准,具体数值与检测仪厂家有关,一般为1 kΩ以内,不超过数千欧。

(2)高阻故障。即高电阻接地或短路故障。电缆一芯或数芯对地绝缘电阻或芯与芯之间的绝缘电阻低于正常值很多,但高于$10Z_c$,而导体连续性良好者称为高阻故障。一般常见的高阻故障有单相接地、两相短路或接地等。

(3)断线故障。电缆各芯绝缘均良好,但有一芯或数芯导体不连续者称为断线故障。

(4)断线并接地或短路故障。电缆有一芯或数芯导体不连续,经过(高或低)电阻接地或短路者称为断线并接地或短路故障。

(5)泄漏性故障。泄漏性故障是高阻故障的一种极端形式。在进行电缆绝缘预防性耐压试验时,其泄漏电流随试验电压的升高而增大,直至超过泄漏电流的允许值(此时试验电压尚未或已经达到额定试验电压),这种高阻故障称为泄漏性故障。泄漏性故障的绝缘电阻可能很高,甚至达到合格标准。

(6)闪络性故障。闪络性故障是高阻故障的又一种极端形式。在进行电缆绝缘预防性耐压试验时,泄漏电流小而平稳。但当试验电压升至某一值(尚未或已经达到额定试验电压)时,泄漏电流突然增大并迅速产生闪络击穿,这种高阻故障称为闪络性故障。闪络性故障的绝缘电阻极高,通常都在合格标准以上。具有闪络性故障的电缆,短期内,在较低的电压(不大于闪络击穿电压)下,其闪络击穿的现象可能会完全停止并显现较好的电气性能。

这类故障大都发生于电缆线路运行前的电气试验中,并大都出现于电缆接头和终端内。试验时绝缘间隙放电,造成绝缘被击穿,此为击穿故障。在一些特殊条件下,绝缘击穿后又恢复正常，即使提高试验电压，也不再击穿。这两种故障都属于闪络性故障。

实际上，高阻故障的特性可由高阻故障等效电路分析清楚。如图3-9所示，泄漏电阻R_s和放电间隙J_s的相对大小变化，决定了高阻故障的特性是属于泄漏性、闪络性或是二者兼而有之。

例如：当R_s很大（近似无穷大）时，故障点J_s两端的直流电压可以升至额定试验电压而泄漏电流还远达不到额定允许值。在这种情况下，如果J_s的击穿电压大于额定试验电压，这个故障点在该试验电压下将不会被发现；如果J_s的击穿电压小于或等于额定试验电压，则耐压试验时J_s将被击穿，形成闪络性故障。

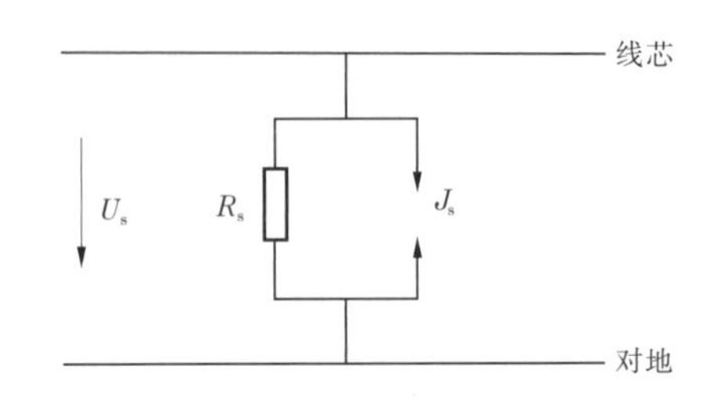

图3-9　故障点等效电路

当R_s较小时，在耐压试验中，由于R_s的存在而产生较大的泄漏电流，同时该泄漏电流将在高压试验电源的内阻上形成较大的压降，从而使试验电压无法升高。若继续升高试验电压，势必造成泄漏电流的剧增，甚至远远大于允许值，这样的耐压试验一般由人为或试验设备继电器保护动作而终止。在这样的故障点中，由于J_s两端电压较低而常常不能被击穿，只表现出泄漏电流过大。这就是泄漏性故障。

当R_s与J_s适中时，在耐压试验中可能会出现泄漏电流较大，而试验电压升高（甚至达到额定试验电压），在较高的试验电压下出现闪络击穿。这就是通常意义的高阻故障。

高阻故障中的等效泄漏电阻R_s减小到$10Z_c$以下时，其故障性质就转变为低阻故障。

三、电缆故障诊断原理及一般步骤

一旦电缆线路发生故障，故障测试人员通常需要通过选择合适的测试方法和适当的测试仪器，依照正确探测步骤，探寻故障点。电缆故障，包括主绝缘故障与护层故障，一般皆须经过确定故障性质、粗测距离、探测路径或鉴别电缆、精测定点四大基本探测步骤。

（一）确定故障性质

当对某一故障电缆进行故障测试时，首先要进行的工作是，了解故障电缆的有关情况以确定故障性质。掌握这一故障是接地、短路、断线故障，还是它们的混合；是单相、两相故障，还是三相故障；是高阻故障、低阻故障，还是泄漏性故障或闪络性故障。

通常可以根据故障发生时出现的现象，初步判断故障性质。例如，运行中的电缆发生故障时，若只给了接地信号，则有可能是单相接地故障；过流保护继电器动作，出现跳闸现象，则此时可能发生了电缆两相或三相短路或接地故障，或是发生了短路与接地混合故障，发生这些故障时，短路或接地电流烧断电缆线芯将形成断路故障。通过上述判断尚不能完全将故障的性质确定下来，还必须测量绝缘电阻和进行导通试验。只有确定了故障性质，才可以选择适当的测试方法对电缆故障进行具体的诊断。

（二）粗测距离

当确定了故障电缆的故障性质以后，就可以根据故障性质，选择适当的测试方法测出故障点到测试端或末端的距离，这项工作称为粗测距离。粗测距离是电缆故障测试过程中最重要的一步，这项工作的优劣，决定着电缆故障测试整个过程的效率和准确性。因此，常常需要具有相当专业技术基础理论知识和丰富实践经验的人员来进行操作。人们在长期的生产实践中探讨和总结出多种故障距离的粗测方法，即经典法（如电桥法及其变形等）和现代法（脉冲反射法）。

随着电力电缆生产质量的提高和新型绝缘材料的采用，电缆的故障电阻不断提高（达到兆欧级）。当遇到高阻故障时，必须经过一个耗时、费力的“烧穿”降阻过程，以求把高阻故障转变为低阻故障，这个漫长的过程需要的设备笨重而繁杂，而新型绝缘材料电缆的故障电阻极难“烧穿”与降阻。现代的脉冲反射法可以做到无须经过“烧穿”降阻而直接进行高阻故障的测距。这一发明无疑是电缆故障诊断技术的重大进步。这种现代法与经典法相比具有下列优点：

（1）可以不依赖准确的电缆资料。如长度、截面图、接头或分支位置、敷设图等。

（2）测试简便。由于不需要“烧穿”降阻，测试设备得到简化，测试程序变得简单。

（3）测试效率高。由于高阻故障无须漫长的“烧穿”降阻过程，缩短了测试时间，使测试效率大为提高。

（4）测试更精确。现代的脉冲反射法采用先进的微电子技术，尤其是近几年引入了人工智能技术，无须人工换算，使现代法测试结果更加精确。

（5）适用范围广。现代的脉冲反射法不像经典法那样具有应用的局限性，无论是哪种电缆故障，都可以通过脉冲反射法得到快速、准确的测试结果，因此具有更加广泛的适用性。

（6）适于发展。现代的脉冲反射测试技术具有设备简单、轻便，一机多用（各类故障），操作方便等优点而成为电缆故障诊断技术的发展方向。人工智能设备的出现，为操作者提供了更快捷、更理想的测试结果。

（三）探测路径或鉴别电缆

故障电缆经过粗测以后便得出一个故障距离 L_x，这个故障距离是由测试端（首端或称始端）到故障点的距离。从理论上讲，以测试端为圆心、以故障距离 L_x 为半径画一个圆，圆周上的所有点都满足故障点到测试端的距离为 L_x 的条件，显然故障点只能是圆周上的某一点，而这一点又必须在电缆上，这是可以借助的另外一个条件。当把电缆路径用线段画出以后，这条线段必将与 $R=L_x$ 的圆相交于一点，这一点才是欲寻找的故障点。

对于直接埋设在地下的电缆，需要找出电缆线路的实际走向（也可以测出埋设深度），即为探测路径。对于在电缆沟、隧道等处的明敷电缆，则需要从许多电缆中挑选出故障电缆，即鉴别电缆。

探测电缆路径或鉴别电缆，通常是向故障电缆加一音频电流信号（如有完好线芯，一般加在完好线芯上），利用磁性线圈接收线在地面上接收磁场信号，在线圈中产生出感应电动势，经放大后，通过耳机、电表指针或方向指示进行监视。随着接收线圈的移动，信号的大小会发生变化。路径探测仪一般使用耳机监听信号的幅值，根据探测时音响曲线的不同，可判断出电缆路径。探测方法有智能宽峰、窄峰、音谷法。

对于干扰较大的复杂环境，鉴别电缆常用钳形电流表来辅助。从电缆首端或末端加入一电流信号，并做规律性通断变化，然后用钳形电流表卡在电缆上观察其电流指示值及通断规律，当电流指示值接近于加入端电流值（由于线路损耗而有所减小），并且通断规律相符时，可以确认该电缆为故障电缆。

（四）精测定点

精测定点是电缆故障测试工作的最后一步，也是至关重要的一步。在粗测出故障距离并确定了故障电缆路径或鉴别出故障电缆以后，为什么还需要精测定点呢？因为粗测出的故障距离有一定的误差，故障距离的丈量也有误差。因此，在精测定点前只能判断出故障点所处的大概位置，要想准确地定出故障点所在的具体位置，必须经过精测定点。电缆故障的精测定点一般采用声测定点法、感应定点法和其他特殊方法。95%以上的电缆故障可以通过声测法确定故障点的位置，金属性接地故障需要用感应法或特殊方法定点。

以上是电缆故障诊断的一般步骤。在具体测试工作中，根据具体情况的不同，有些步骤可以省略。例如，电缆线路标志很清楚的不需要测寻电缆路径或鉴别电缆；明敷短电缆的开放性故障（电缆故障点已暴露在外表），可以略去各步骤而直接精测定点；故障点的可能位置有限（如仅怀疑在某个中间接头上）时，也可直接精测定点。

电力电缆主绝缘故障诊断的一般步骤与方法汇总于表 3-1。

表 3-1　电力电缆主绝缘故障诊断的一般步骤与方法

<table>
<tr><th rowspan="2">故障类型</th><th colspan="7">查找步骤</th></tr>
<tr><th colspan="2">确定故障性质</th><th colspan="2">粗测距离</th><th>探测路径（路径未知，需本步骤）</th><th>电缆识别</th><th>精测定点法（最优）</th></tr>
<tr><td rowspan="5">运行故障</td><td rowspan="5">1. 导通试验；
2. 绝缘电阻试验</td><td>开路断线故障</td><td colspan="2">低压脉冲法</td><td rowspan="5">音频电流信号感应法、脉冲磁场方向法、脉冲磁场幅值法</td><td rowspan="5">工频感应鉴别法、脉冲信号鉴别法、智能鉴别法</td><td>声磁同步法</td></tr>
<tr><td>低阻（短路）故障</td><td>≤100 Ω</td><td>低压脉冲法、低压电桥法（全长已知）</td><td>声磁同步法、音频信号感应法（金属性短路、金属性接地故障）</td></tr>
<tr><td rowspan="2">高阻（泄漏性）故障</td><td>100 Ω~100 kΩ</td><td>二次脉冲法、冲闪法、高压电桥法</td><td rowspan="2">声磁同步法</td></tr>
<tr><td>≥100 kΩ</td><td>二次脉冲法、冲闪法</td></tr>
<tr><td>高阻（闪络性）故障</td><td colspan="2">二次脉冲法、冲闪法、直闪法</td><td>声磁同步法</td></tr>
</table>

续表 3-1

<table>
<tr><th rowspan="3">故障类型</th><th colspan="7">查找步骤</th></tr>
<tr><th colspan="2">确定故障性质</th><th colspan="2">粗测距离</th><th>探测路径（路径未知，需本步骤）</th><th>电缆识别</th><th>精测定点法（最优）</th></tr>
<tr></tr>
<tr><td rowspan="3">试验故障</td><td rowspan="3">绝缘电阻试验</td><td rowspan="2">高阻（泄漏性）故障</td><td>100 Ω～100 kΩ</td><td>二次脉冲法、冲闪法、高压电桥法</td><td rowspan="3">音频电流信号感应法、脉冲磁场方向法、脉冲磁场幅值法</td><td rowspan="3">工频感应鉴别法、脉冲信号鉴别法、智能鉴别法</td><td rowspan="3">声磁同步法</td></tr>
<tr><td>≥100 kΩ</td><td>二次脉冲法、冲闪法</td></tr>
<tr><td>高阻（闪络性）故障</td><td colspan="2">二次脉冲法、冲闪法、直闪法</td></tr>
</table>

第二节　确定电缆的故障性质

本节主要介绍电缆故障性质的判定方法。

电缆在发生故障以后，必须首先确定故障的性质，然后才能确定用何种方法进行故障的测试；否则不但测不出故障电缆，而且会拖延抢修的时间，甚至因测试方法不当而损坏测试仪器。所谓故障的性质诊断，就是指确定故障电阻是高阻故障还是低阻故障；是闪络性还是泄漏性故障，是接地、短路、断路故障，还是它们的组合；是单相、两相故障，还是三相故障。

从电缆发生故障的场景来看，电缆常在试验时及在运行过程中发生故障，而两种场景下，由于电缆故障类型略微不同，故判定电缆故障类型的方法也略有不同，现分别对其进行介绍。

一、试验击穿故障性质的判定

电缆的试验故障是指在试验中绝缘击穿或绝缘不良而必须进行绝缘检修后才能恢复供电的电缆故障。电缆试验击穿故障一般为一相接地或两相短路接地，很少有三相同时在试验中接地或短路的情况，更不可能发生断线故障。另外，试验击穿的电缆故障电阻均比较高，绝缘电阻测试仪有可能测不出，而需要借助于耐压试验设备进行测试。其诊断方法如下：

（1）从接线来看，耐压试验和绝缘电阻测试时，被测电缆末端三相开口。

（2）将电压升至一定值时，电缆发生闪络。当电压降低后，电缆绝缘恢复，这种故障就是闪络性故障。

（3）将电压升至一定值时，电缆被击穿。降低试验电压，电缆绝缘并不恢复，这种故障一般是单相接地或两相短路故障，进一步试验：

①若是分相屏蔽型电缆，则故障一定是单相接地故障。

②若是统包型电缆，则应将未试相地线拆除，再进行加压，如仍发生击穿，则为单相接

地故障；如果将未试相地线拆除后不再发生击穿，则说明是相间故障，此时应将未试相分别接地后再分别加压，查验是哪两相之间发生短路故障。

二、运行故障性质的判定

运行故障是指电缆在运行中，因绝缘击穿或导线烧断引起保护器动作而突然停止供电的故障。运行故障可以造成电缆的单相或多相的高阻、低阻、断路故障，或者是它们的混合性故障。运行电缆故障的性质和试验击穿故障的性质相比，比较复杂。因此，故障性质诊断时应首先做电缆导体连续性的检查，以确定是否为断路故障，再利用绝缘电阻表或万用表测量绝缘电阻，以确定故障的具体类型，具体方法如下。

(一)电缆导通试验检查

将测试电缆末端三相短接并接地，再在测试端用万用表分别测试各相对地的电阻。具体评判标准如表3-2所示。

表3-2　电缆导通试验结果

序号	导通试验结果	评判结果
1	AE:0;BE:0;CE:0	无断线
2	AE:∞;BE:0;CE:0	A相断线
3	AE:0;BE:∞;CE:0	B相断线
4	AE:0;BE:0;CE:∞	C相断线
5	AE:∞;BE:∞;CE:0	A、B两相断线
6	AE:0;BE:∞;CE:∞	B、C两相断线
7	AE:∞;BE:0;CE:∞	A、C两相断线
8	AE:∞;BE:∞;CE:∞	三相断线

注：AE指A相对地的电阻，BE指B相对地的电阻，CE指C相对地的电阻。

(二)电缆绝缘电阻测试

(1)被测电缆末端开口，电缆测试端用绝缘电阻表测量A相对地、B相对地及C相对地的绝缘电阻值，测量时另外两相不接地，以判断是否为接地故障。

(2)被测电缆末端开口，测量各相间的绝缘电阻，以判断有无相间短路故障。

(3)分相屏蔽型电缆如交联聚乙烯电缆的分相铅包电缆，一般均为单相接地故障，应分别测量每相对地的绝缘电阻。当发生两相短路故障时，一般可按两个接地故障考虑。在实际运行中也常发生在不同的两点同时发生接地的相间短路故障。

三相统包型铅包电缆，存在两相短路不接地的可能性，用第一步的方法测量绝缘电阻出现两相同时接地时，应单相对地再次测试，测量时另外两相不接地，以判断该相是否确为接地故障。

(4)如用绝缘电阻测试仪测得电阻基本为零，则应用万用表复测出具体的绝缘电阻值，确定电阻是否小于100 Ω，判断电缆发生的是高阻故障还是低阻故障。

(5)如用绝缘电阻测试仪测得电阻很高，且无法确定故障相，应对电缆进行耐压试验，判断电缆发生的是高阻闪络性故障，还是泄漏性故障。

第三节　故障距离粗测

电缆故障距离粗测，是排除电缆故障的一个很重要的步骤。所谓粗测，就是测出故障点到电缆任一端的大致距离。粗测是故障精确定点前的必要准备。电缆故障距离粗测出的距离仅仅代表了从电缆测试端到故障点的电缆长度，但并非是地面上的距离，原因是电缆的埋设路径不可能是一条直线，而且每一个端头和中间接头都不可避免地存在预留长度，所以电缆粗测距离与地面上的路径距离是有误差的，有时相差数千米也是合理的。

电缆故障距离粗测主要包括两类方法：行波法与电桥法。电桥法用于电力电缆故障测试历史比较悠久，电桥法最主要的缺点是对于电缆主绝缘出现的大部分高阻故障都不能很有效地测试，而且测试时必须有一个良好相作为联络线在对端配合，测距结果易受接触电阻与其他运行电缆感应电压的影响等，现随着行波法的普及，电桥法的使用人群慢慢在减少。下面仅对行波法进行详细介绍。

行波法又称脉冲法，主要有低压脉冲法、二次脉冲法与闪络测试法三种方法，下面将分别介绍。

一、低压脉冲法粗测故障距离

（一）引用的规程规范

（1）《电气装置安装工程 电缆线路施工及验收标准》（GB 50168—2018）。

（2）《电力电缆及通道运维规程》（Q/GDW 1512—2014）。

（3）《电力电缆及通道检修规程》（Q/GDW 11262—2014）。

（4）《电力安全工作规程 电力线路部分》（GB 26859—2011）。

（5）《配电网施工检修工艺规范》（Q/GDW 10742—2016）。

（6）《国家电网公司电力安全工作规程（配电部分）》（国家电网安质〔2014〕265 号）。

（二）天气及作业现场要求

（1）作业人员应提前查阅电缆和有关附件的型号、制造厂家、安装日期、施工人员等原始资料。

（2）查阅电缆预防性试验安装报告，以及负荷、故障、检修等运行历史情况。

（3）查阅电缆故障时的系统操作和继电保护动作等情况。

（4）办理必备的开工手续，完成工作票的签发。

（三）准备工作

1. 危险点及其预控措施

1）危险点——触电伤害

预控措施：

（1）与带电线路、同回路线路带电裸露部分要保持足够的安全距离，10 kV 线路应保持 0.7 m 的安全距离。

(2)做好待测试电缆的停电、验电、挂接地线操作。

(3)在试验现场,试验人员必须戴安全帽,穿绝缘鞋。

(4)电缆试验前,被试电缆和试验设备在测试前应该进行充分放电。

(5)作业现场设置围栏并挂好警示标志。监护人员应随时注意,纠正作业人员的不规范或违章动作,禁止非工作人员及车辆进入作业区域。

2)危险点——坠落伤人

预控措施:

(1)工作中需要进行登高和下电缆沟作业时,对工器具进行必要的检查,做好防止人员摔落的安全措施。

(2)登高作业必须系双保险安全带,戴安全帽。

(3)工作过程中要防止行人跌入窨井、沟坎,对开启的井口、窨井、沟坎要设专人监护,并加装警示标志和安全标志。

2. 工器具及材料选择

本任务所需要的工器具及材料如表 3-3 所示。

表 3-3　使用低压脉冲法粗测故障距离所需工器具及材料

序号	名称	规格型号	单位	数量	备注
1	电力电缆故障测试仪	HB-FM501	台	1	性能良好
2	试验用电源线				
3	万用表		块	1	性能良好且检验合格
4	高压验电器	10 kV	只	2	在规定试验周期内试验合格
5	数字兆欧表	2 500 V 及以上	只	1	在规定试验周期内试验合格
6	电工工具		套	1	工具绝缘合格
7	绝缘鞋	10 kV	双	2	在规定试验周期内试验合格
8	安全帽	10 kV	顶	若干	检查合格
9	接地棒	10 kV	根	2	在规定试验周期内试验合格
10	绝缘手套	10 kV	副	2	在规定试验周期内试验合格

3. 作业人员分工

本任务共需要操作人员 6 人(其中工作负责人 1 人、安全监护人员 1 人、测距人员 1

人、测距辅助人员 1 人、电缆末端操作人员 2 人)，作业人员分工如表 3-4 所示。

表 3-4　使用低压脉冲法粗测故障距离作业人员分工

序号	工作岗位	数量(人)	工作职责
1	工作负责人(现场总指挥)	1	负责本次工作任务的人员分工、工作前的现场查勘、现场复勘，办理作业票相关手续、召开工作班前会、落实现场安全措施，负责作业过程中的安全监督、工作中突发情况的处理、工作质量的监督、工作后的总结等
2	安全监护人员(安全员)	1	负责各危险点的安全检查和监护
3	测距人员	1	测距的主操作手
4	测距辅助人员	1	辅助主操作人员
5	电缆末端操作人员	2	负责在电缆末端完成相应操作

(四)工作流程

本任务工作流程如表 3-5 所示。

表 3-5　使用低压脉冲法粗测故障距离工作流程

序号	作业内容	作业标准	安全注意事项	责任人
1	前期准备工作	1. 作业班组成员到达现场，进行复勘。 2. 有必要的情况下，对工作票的安全措施进行补充。 3. 召开班前会，对当天的工作进行“三交三查”(“三交”指交任务、交安全、交措施，“三查”指查工作着装、查精神状态、查个人安全用具) 4. 宣读工作票，进行现场技术交底。 5. 向调度报告开工，得到许可命令后，验电、挂接地线	1. 现场作业人员正确戴安全帽，穿工作服、绝缘鞋，戴劳保手套。 2. 现场交底时，每个工作人员必须在场聆听，不清楚之处及时向工作负责人提问，工作负责人必须向每一位工作人员交代清楚各自的工作任务、工作范围、工作时间、安全措施、危险点和安全注意事项，全体工作人员签字	

续表 3-5

序号	作业内容	作业标准	安全注意事项	责任人
2	工器具的检查	对此次用到的工器具逐一进行检查	逐一清点工器具、材料的数量及型号	
3	确认故障电缆线路	1. 确认故障电缆线路名称及相位。 2. 全线巡视，检查电缆线路有无外破现象或明显故障点。 3. 如未发现明显的故障点，再进行下一步程序	巡查人员必须熟悉线路走向、路径、电缆排列方式	
4	故障电缆放电并隔离	1. 将故障电缆放电并接地。 2. 工作负责人监督拆除故障电缆两端与其他设备的电气连线，不得损伤电缆终端和其他电气设备	1. 登高作业人员按防高坠要求进行作业。 2. 电缆放电时应戴好绝缘手套，电缆放电应充分，防止触电伤人	
5	电缆故障性质判断	1. 使用数字兆欧表或万用表测量故障电缆的绝缘电阻值，并仔细检查电缆线芯的连续性，初步分析判断故障的性质并做好检查试验记录。 2. 如果故障电缆对地电阻小于 100 Ω，则是低阻故障，可用低压脉冲法粗测故障距离	测量故障电缆对地电阻时，其余两相必须可靠接地，测量值必须准确	

续表 3-5

序号	作业内容	作业标准	安全注意事项	责任人
6	低压脉冲法粗测故障距离	1. 按照图 3-10 的方式进行接线，即电缆故障测试仪的信号接口接入专用单Q测试线，红夹子夹在故障电缆故障相芯线，黑夹子夹在电缆的地线。 2. 启动电源开关。 3. 开机后，运行电缆故障测试仪，如图 3-11 所示。 4. 选择右侧电缆类型，软件下提示框显示当前的电缆类型与速度。 5. 选择右侧检测方法。软件下提示框显示当前的检测方法。当选择低压脉冲法时，工作指示会提示为绿色。 6. 依据了解的待测电缆状态选择合适的测试长度范围。软件下提示框显示当前长度选择。 7. 完成设备参数设置后，点击"采样"键，屏幕进入测试和波形处理界面，仪器将自动发出测试脉冲。此界面将显示电缆的开路（全长）波形或低阻接地（短路）故障波形。 8. 按下"采样"键，仪器将自动不断进行低压脉冲测试采样，作业人员根据波形需要调节"垂直位移"和"输入振幅"旋钮，并观察采到的回波不超出上下限幅，直到回波的幅度和位置适合分析定位。 9. 按下"取消采样"键，仪器将停止采样。仪器的参数设置、测试时间等基本信息也在屏幕下方显示。界面如图 3-12 所示。 10. 分别用触摸笔拖动或用软件下沿的功能键定位游标在发送脉冲和故障回波脉冲的前沿拐点，然后对故障点距离进行判读。 11. 做好记录，为后续进一步查找故障做准备	1. 测试的时候，应当根据电缆的绝缘介质，选择对应的波速。交联聚乙烯材质的波速一般为：170～172 m/μs。 2. 是否能正确找到脉冲拐点，关系着粗测的距离是否正确	

续表 3-5

序号	作业内容	作业标准	安全注意事项	责任人
7	工作完成	1. 工作完毕,对电缆进行充分放电。 2. 收好设备及接线。 3. 向调度报告完成工作,拆除接地线	1. 电缆的放电一定要充分。 2. 一定要记得拆除接地线	
8	现场清理	完成后及时清理现场,做到工完、料尽、场地清	及时清理作业现场	

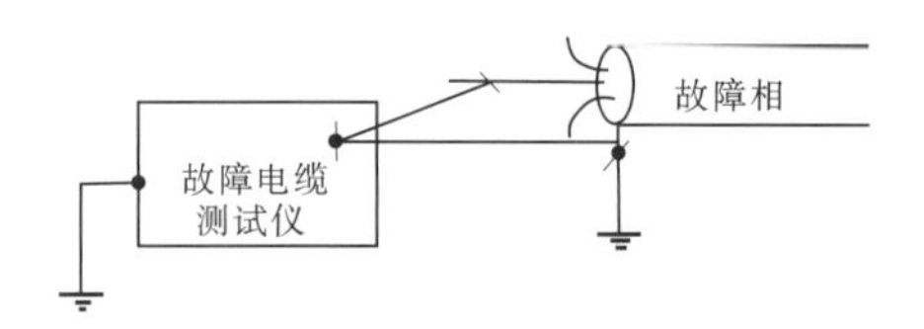

图 3-10　低压脉冲法接线方式

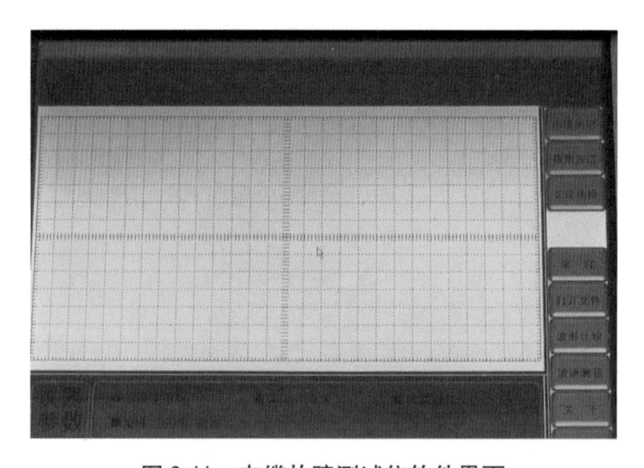

图 3-11　电缆故障测试仪软件界面

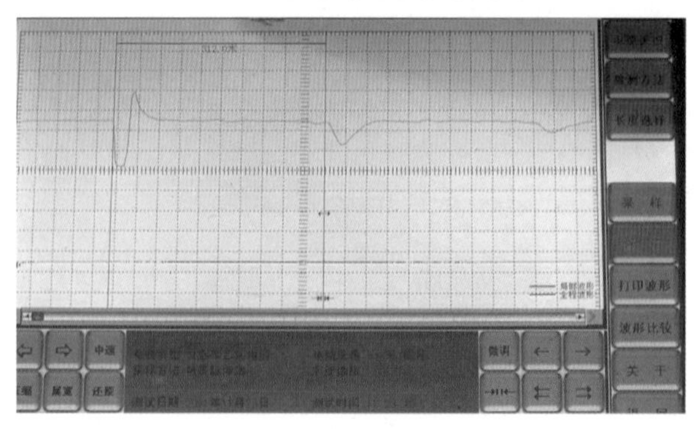

图 3-12　低压脉冲法测量的故障距离界面

（五）相关知识

低压脉冲法又称为雷达法，适用于低阻故障及断线故障。低压脉冲法的波形简单，并且可以直接从波形判定出故障点是开路故障还是短路故障，通过光标可直接显示故障距离，因此是一种广泛应用的测试方法。

测试时，在电缆一端通过仪器向电缆中输入低压脉冲信号，该脉冲信号沿着电缆传播，当遇到电缆中的波阻抗变化（不匹配）点时，如开路点、低阻短路点和接头点等，该脉冲信号就会产生反射，返回到测量端被仪器接收并记录下来，如图3-13所示，通过检测反射信号和发射信号的时间差，测得阻抗变化点的距离。故障点回波脉冲和发送的测量脉冲之间的时间间隔与故障点在实际电缆上距测试端的距离成正比。

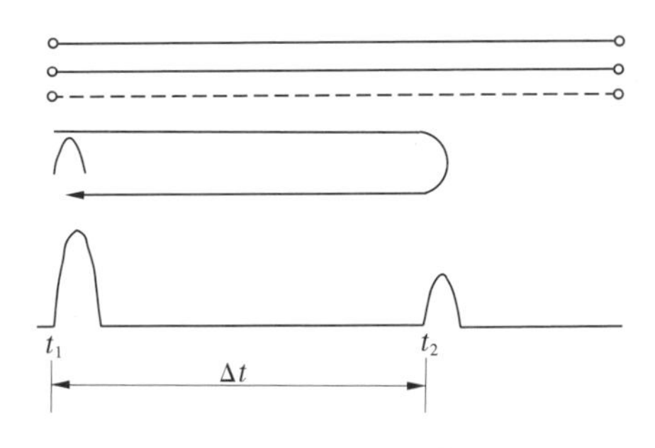

图3-13　低压脉冲法反射原理图

根据图3-13可知，从仪器发射出发射脉冲到仪器接受到反射脉冲的时间差 $\Delta t = t_2 - t_1$，即脉冲信号从测试端到阻抗不匹配点往返一次的时间为 Δt，假设脉冲电磁波在电缆中传播的速度为 V，根据公式 $L = V\Delta t/2$ 可计算出阻抗不匹配点距测量端的距离。

V 是电磁波在电缆中传播的速度，简称为波速。理论分析表明，波速只与电缆的绝缘介质的材质有关，而与电缆芯线的线径、芯线的材料及绝缘厚度等都没有关系，不管线径是多少，线芯是铜芯的还是铝芯的，只要电缆的绝缘介质一样，波速就一样。现在大部分电缆都是交联聚乙烯电缆或油浸纸电缆，油浸纸电缆的波速一般为160 m/μs，而对于交联聚乙烯电缆，由于交联度、所含杂质等有所差别，其波速也不太一样，一般为170～172 m/μs。如果知道电缆的全长，可以测得电缆的波速。

故障的性质类型，可由反射脉冲极性判断。如果发送测量脉冲是正极性的，回波脉冲是正极性的脉冲，表示是断路故障或终端头开路，图3-14所示是开路故障的标准波形；回波脉冲是负极性的脉冲，则是短路接地故障，图3-15所示是短路（低阻）故障的标准波形。

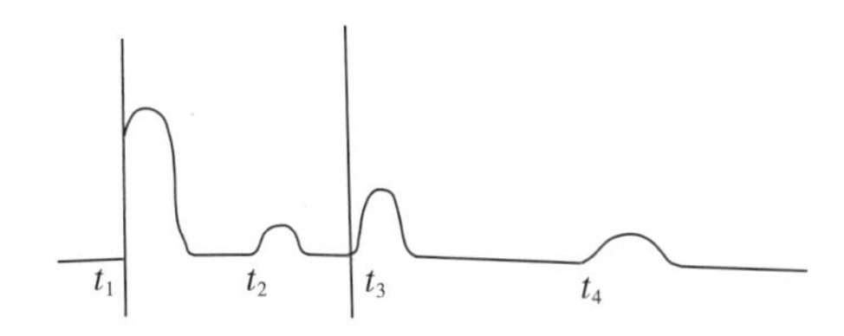

图3-14　开路故障的标准波形

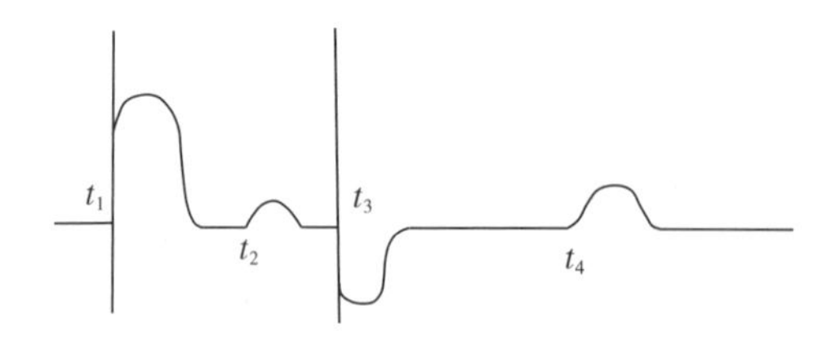

图 3-15 短路（低阻）故障的标准波形

需要注意的是，因高阻和闪络性故障点阻抗变化太小，反射波无法识别，因此低压脉冲法对高阻故障和闪络性故障不适用。

二、二次脉冲法粗测故障距离

（一）引用的规程规范

（1）《电气装置安装工程 电缆线路施工及验收标准》（GB 50168—2018）。

（2）《电力电缆及通道运维规程》（Q/GDW 1512—2014）。

（3）《电力电缆及通道检修规程》（Q/GDW 11262—2014）。

（4）《电力安全工作规程 电力线路部分》（GB 26859—2011）。

（5）《配电网施工检修工艺规范》（Q/GDW 10742—2016）。

（6）《国家电网公司电力安全工作规程（配电部分）》（国家电网安质〔2014〕265 号）。

（二）天气及作业现场要求

（1）作业人员应提前查阅电缆和有关附件的型号、制造厂家、安装日期、施工人员等原始资料。

（2）查阅电缆预防性试验安装报告，以及负荷、故障、检修等运行历史情况。

（3）查阅电缆故障时的系统操作和继电保护动作等情况。

（4）办理必备的开工手续，完成工作票的签发。

（三）准备工作

1. 危险点及其预控措施

1）危险点——触电伤害

预控措施：

（1）与带电线路、同回路线路带电裸露部分要保持足够的安全距离，10 kV 线路应保持 0.7 m 的安全距离。

（2）电缆试验前，被试电缆和试验设备在测试前应该进行充分放电。

（3）做好待测试电缆的停电、验电、挂接地线操作。

（4）在试验现场，试验人员必须戴安全帽，穿绝缘鞋。

（5）作业现场设置围栏并挂好警示标志。监护人员应随时注意，纠正作业人员的不规范或违章动作，禁止非工作人员及车辆进入作业区域。

2）危险点——坠落伤人

预控措施：

（1）工作中需要进行登高和下电缆沟作业时，对工器具进行必要的检查，做好防止人员摔落的安全措施。

（2）登高作业必须系双保险安全带，戴安全帽。

（3）工作过程中要防止行人跌入窨井、沟坎，对开启的井口、窨井、沟坎等要设专人监护，并加装警示标志和安全标志。

2. 工器具及材料选择

本任务所需要的工器具及材料见表3-6。

表3-6　使用二次脉冲法粗测故障距离所需工器具及材料

序号	名称	规格型号	单位	数量	备注
1	电力电缆故障测试仪	HB-FM501	台	1	性能良好，并配有高压发生器
2	试验用电源线				
3	万用表		块	1	性能良好且检验合格
4	高压验电器	10 kV	只	2	在规定试验周期内试验合格
5	数字兆欧表	2 500 V及以上	只	1	在规定试验周期内试验合格
6	电工工具		套	1	工具绝缘合格
7	绝缘鞋	10 kV	双	2	在规定试验周期内试验合格
8	安全帽	10 kV	顶	若干	检查合格
9	接地棒	10 kV	根	2	在规定试验周期内试验合格
10	绝缘手套	10 kV	副	2	在规定试验周期内试验合格

3. 作业人员分工

本任务共需要操作人员6人（其中工作负责人1人、安全监护人员1人、测距人员1人、测距辅助人员1人、电缆末端操作人员2人），作业人员分工如表3-7所示。

表3-7　使用二次脉冲法粗测故障距离作业人员分工

序号	工作岗位	数量（人）	工作职责
1	工作负责人（现场总指挥）	1	负责本次工作任务的人员分工、工作前的现场查勘、现场复勘，办理作业票相关手续、召开工作班前会、落实现场安全措施，负责作业过程中的安全监督、工作中突发情况的处理、工作质量的监督、工作后的总结等

续表 3-7

序号	工作岗位	数量(人)	工作职责
2	安全监护人员(安全员)	1	负责各危险点的安全检查和监护
3	测距人员	1	测距的主操作手
4	测距辅助人员	1	辅助主操作人员
5	电缆末端操作人员	2	负责在电缆末端完成相应操作

(四)工作流程

本任务工作流程如表 3-8 所示。

表 3-8　使用二次脉冲法粗测故障距离工作流程

序号	作业内容	作业标准	安全注意事项	责任人
1	前期准备工作	1. 作业班组成员到达现场,进行复勘。 2. 有必要的情况下,对工作票的安全措施进行补充。 3. 召开班前会,对当天的工作进行"三交三查"。 4. 宣读工作票,进行现场技术交底。 5. 向调度报告开工,得到许可命令后,验电、挂接地线	1. 现场作业人员正确戴安全帽,穿工作服、绝缘鞋,戴劳保手套。 2. 现场交底时,每个工作人员必须在场聆听,若有不清楚之处,及时向工作负责人提问,工作负责人必须向每一位工作人员交代清楚各自的工作任务、工作范围、工作时间、安全措施、危险点和安全注意事项,全体工作人员签字	
2	工器具的检查	对此次用到的工器具逐一进行检查	逐一清点工器具、材料的数量及型号	
3	确认故障电缆线路	1. 确认故障电缆线路名称及相位。 2. 全线巡视,检查电缆线路有无外破现象或明显故障点。 3. 如未发现明显的故障点,再进行下一步程序	巡查人员必须熟悉线路走向、路径、电缆排列方式	
4	故障电缆放电并隔离	1. 将故障电缆放电并接地。 2. 工作负责人监督拆除故障电缆两端与其他设备的电气连线,不得损伤电缆终端和其他电气设备	1. 登高作业人员按防高坠要求进行作业。 2. 电缆放电时应戴好绝缘手套,电缆放电应充分,防止触电伤人	

续表 3-8

序号	作业内容	作业标准	安全注意事项	责任人
5	电缆故障性质判断	1. 使用数字兆欧表或万用表测量故障电缆的绝缘电阻值，并仔细检查电缆线芯的连续性，初步分析判断故障的性质并做好检查试验记录。 2. 如果故障电缆对地电阻大于 100 Ω，则是高阻故障，可用二次脉冲法粗测故障距离	测量故障电缆对地电阻时，其余两相必须可靠接地，测量值必须准确	
6	二次脉冲法粗测故障距离	1. 在经过故障性质判定后，高阻故障可用多次脉冲法进行故障距离粗测。 2. 按照图 3-16 的方式进行接线。即电缆故障测试仪的信号接口接入专用双 Q 测试线，一端连接脉冲耦合器信号口，另一端接电缆故障测试仪信号口。脉冲耦合器接地柱可靠接地。 3. 将软件中检测方法选择为多次脉冲，点击软件“采样”按钮。 4. 加冲击高压，若测得的脉冲波形如图 3-17 所示，即上下两波形完全一样，此时游标定的是电缆全长，说明故障点未被冲击高压击穿形成电弧短路。 5. 重新按“采样”键(以后仪器进入自动采样状态，不用再按“采样”键)，并升高冲击电压。一边升高冲击电压进行闪络，一边进行采样和屏幕监视。 6. 调节“垂直位移”和“输入振幅”电位器，直到看见屏幕下面的波形位置适中并出现与发射脉冲极性相反的回波脉冲(上面的波形一直不会变化)。这时屏幕显示的测试波形应该是最终采样结果，如图 3-18 所示。 7. 移动游标判读故障距离。用触摸笔直接拖动游标至波形的特征拐点处(准确地对准发射脉冲和故障回波脉冲的前沿拐点)，进行精确读数，结果即是故障距离	1. 使用二次脉冲法粗测故障距离时，电缆末端应有专人监护。 2. 确保采样的波形是电缆被击穿后的波形	

续表 3-8

序号	作业内容	作业标准	安全注意事项	责任人
7	工作完成	1. 工作完毕，对电缆进行充分放电。 2. 收好设备及接线。 3. 向调度报告完成工作，拆除接地线	1. 电缆的放电一定要充分。 2. 一定要记得拆除接地线	
8	现场清理	完成后及时清理现场，做到工完、料尽、场地清	及时清理作业现场	

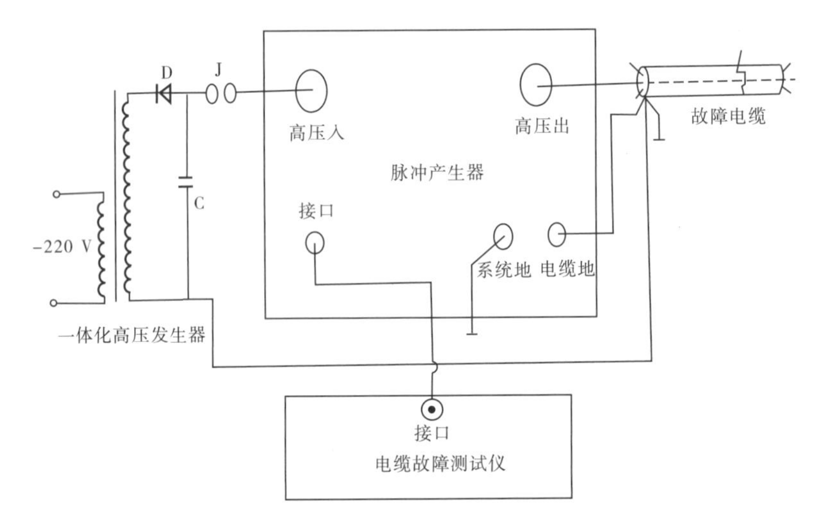

图 3-16　二次脉冲比较法接线图

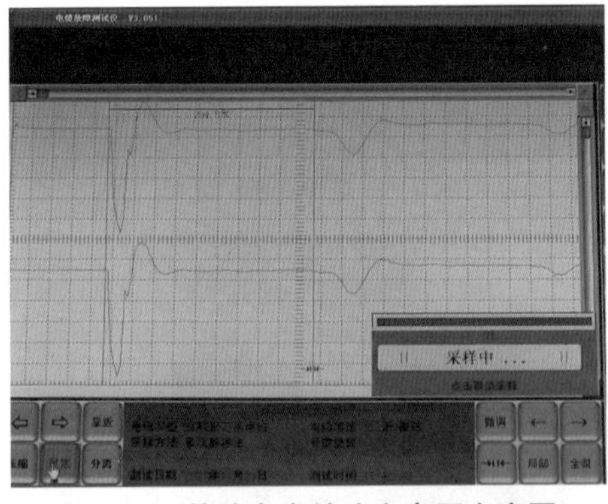

图 3-17　故障点未被冲击高压击穿图

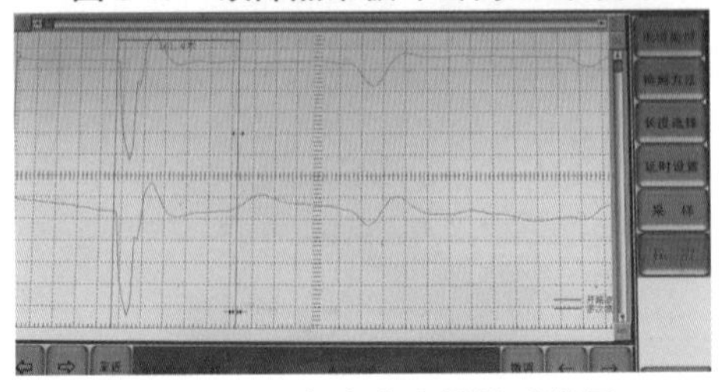

图 3-18　二次脉冲法最终采样图

(五)相关知识

二次脉冲法是近些年来出现的一种比较先进的测试方法，是基于低压脉冲波形容易分析、测试精度高的情况下开发出的测距方法，主要用于电缆高阻故障和闪络性故障的测距，其实质是低压脉冲比较法。

二次脉冲法的测距原理是先用高压信号击穿高阻或闪络性故障点，故障点击穿时会出现弧光放电，由于电弧电阻很小，只有几个欧姆，在燃弧期间原本高阻或闪络性的故障变为低阻短路故障，此时用低压脉冲法测试，故障点处就会出现短路反射波形(称为带电弧低压脉冲反射波形)，如图3-19(a)所示。

在高压电弧熄灭后或者故障点击穿前，电缆故障点处于高阻状态，此时用低压脉冲法测试，因对于低压脉冲来说，高阻故障就和没故障一样，低压脉冲在故障点处没有反射，这个波形称为不带电弧低压脉冲反射波形，如图3-19(b)所示。

将带电弧低压脉冲反射波形与故障点击穿前或电弧熄灭后的不带电弧低压脉冲反射波形同时显示在显示器上，进行比较，如图3-19(c)所示，两波形在故障点处出现明显差异点，把虚光标移动到两波形的分叉点处，显示的距离就是故障距离。

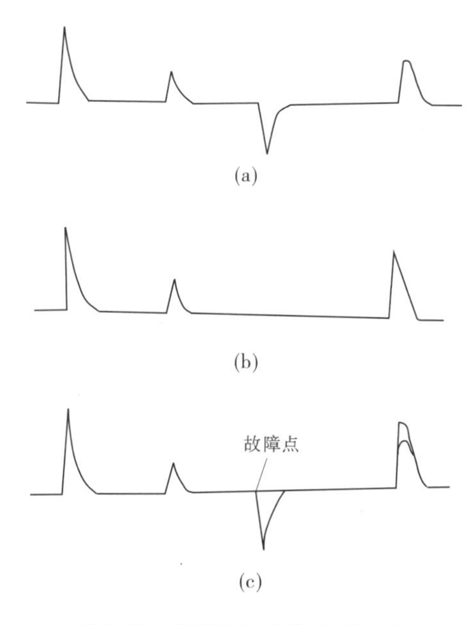

图3-19　低压脉冲比较法原理图

从二次脉冲波形图可以看出，二次脉冲法测得的波形简单，易于识别，是目前较为先进的测试方法。但由于用二次脉冲法测试时故障点处必须存在一段时间较为稳定的电弧，对于部分高阻故障来说，这个条件很难达到，因此二次脉冲法测量高阻故障距离的成功率不高。但随着测试技术与探测设备的发展，二次脉冲法又派生出三次脉冲法、多次脉冲法(包含五次、八次、十二次等脉冲法)，新方法是对原方法的改良，目的是获取到最优二次脉冲波形，提高故障测距的成功率。

现在很多厂家所用的多次脉冲法，其实就是利用低压脉冲耦合设备在高压信号发生器向电缆中注入高压脉冲后，一次性向电缆中注入多次低压脉冲信号，然后把这些低压脉冲信号的反射脉冲波形与故障点击穿前或电弧熄灭后的不带电弧低压脉冲反射波形分别比较，自动选择分歧最大、最明显的一对比较波形放到液晶上显示。

三、闪络测试法粗测故障距离

(一)引用的规程规范

(1)《电气装置安装工程 电缆线路施工及验收标准》(GB 50168—2018)。

(2)《电力电缆及通道运维规程》(Q/GDW 1512—2014)。

(3)《电力电缆及通道检修规程》(Q/GDW 11262—2014)。

(4)《电力安全工作规程 电力线路部分》(GB 26859—2011)。

(5)《配电网施工检修工艺规范》(Q/GDW 10742—2016)。

(6)《国家电网公司电力安全工作规程(配电部分)》(国家电网安质〔2014〕265 号)。

(二)天气及作业现场要求

(1)作业人员应提前查阅电缆和有关附件的型号、制造厂家、安装日期、施工人员等原始资料。

(2)查阅电缆预防性试验安装报告，以及负荷、故障、检修等运行历史情况。

(3)查阅电缆故障时的系统操作和继电保护动作等情况。

(4)办理必备的开工手续，完成工作票的签发。

(三)准备工作

1. 危险点及其预控措施

1)危险点——触电伤害

预控措施：

(1)与带电线路、同回路线路带电裸露部分要保持足够的安全距离，10 kV 线路应保持 0.7 m 的安全距离。

(2)电缆试验前，被试电缆和试验设备在测试前应该进行充分放电。

(3)做好待测试电缆的停电、验电、挂接地线操作。

(4)在试验现场，试验人员必须戴安全帽，穿绝缘鞋。

(5)作业现场设置围栏并挂好警示标志。监护人员应随时注意，纠正作业人员的不规范或违章动作，禁止非工作人员及车辆进入作业区域。

2)危险点——坠落伤人

预控措施：

(1)工作中需要进行登高和下电缆沟作业时，对工器具进行必要的检查，做好防止人员摔落的安全措施。

(2)登高作业必须系双保险安全带，戴安全帽。

(3)工作过程中要防止行人跌入窨井、沟坎，对开启的井口、窨井、沟坎等要设专人监护，并加装警示标志和安全标志。

2. 工器具及材料选择

本任务所需要的工器具及材料如表 3-9 所示。

表 3-9　使用闪络测试(冲闪)法粗测故障距离所需工器具及材料

序号	名称	规格型号	单位	数量	备注
1	电力电缆故障测试仪	HB-FM501	台	1	性能良好并配有高压发生器
2	试验用电源线				
3	万用表		块	1	性能良好且检验合格
4	高压验电器	10 kV	只	2	在规定试验周期内试验合格
5	数字兆欧表	2 500 V 及以上	只	1	在规定试验周期内试验合格
6	电工工具		套	1	工具绝缘合格
7	绝缘鞋	10 kV	双	2	在规定试验周期内试验合格
8	安全帽	10 kV	顶	若干	检查合格
9	接地棒	10 kV	根	2	在规定试验周期内试验合格
10	绝缘手套	10 kV	副	2	在规定试验周期内试验合格

3. 作业人员分工

本任务共需要操作人员 6 人(其中工作负责人 1 人、安全监护人员 1 人、测距人员 1 人、测距辅助人员 1 人、电缆末端操作人员 2 人),作业人员分工如表 3-10 所示。

表 3-10　使用闪络测试(冲闪)法粗测故障距离作业人员分工

序号	工作岗位	数量(人)	工作职责
1	工作负责人(现场总指挥)	1	负责本次工作任务的人员分工、工作前的现场查勘、现场复勘,办理作业票相关手续、召开工作班前会、落实现场安全措施,负责作业过程中的安全监督、工作中突发情况的处理、工作质量的监督、工作后的总结等
2	安全监护人员(安全员)	1	负责各危险点的安全检查和监护
3	测距人员	1	测距的主操作手
4	测距辅助人员	1	辅助主操作人员
5	电缆末端操作人员	2	负责在电缆末端完成相应操作

(四)工作程序

本任务工作流程如表3-11所示。

表3-11　使用闪络测试(冲闪)法粗测故障距离工作流程

序号	作业内容	作业标准	安全注意事项	责任人
1	前期准备工作	1. 作业班组成员到达现场,进行复勘。 2. 有必要的情况下,对工作票的安全措施进行补充。 3. 召开班前会,对当天的工作进行“三交三查”。 4. 宣读工作票,进行现场技术交底。 5. 向调度报告开工,得到许可命令后,验电、挂接地线	1. 现场作业人员正确戴安全帽,穿工作服、绝缘鞋,戴劳保手套。 2. 现场交底时,每个工作人员必须在场聆听,若有不清楚之处,及时向工作负责人提问,工作负责人必须向每一位工作人员交代清楚各自的工作任务、工作范围、工作时间、安全措施、危险点和安全注意事项,全体工作人员签字	
2	工器具的检查	对此次用到的工器具逐一进行检查	逐一清点工器具、材料的数量及型号	
3	确认故障电缆线路	1. 确认故障电缆线路名称及相位。 2. 全线巡视,检查电缆线路有无外破现象或明显故障点。 3. 如未发现明显的故障点,再进行下一步程序	巡查人员必须熟悉线路走向、路径、电缆排列方式	

续表 3-11

序号	作业内容	作业标准	安全注意事项	责任人
4	故障电缆放电并隔离	1. 将故障电缆放电并接地。 2. 工作负责人监督拆除故障电缆两端与其他设备的电气连线，不得损伤电缆终端和其他电气设备	1. 登高作业人员按防高坠要求进行作业。 2. 电缆放电时应戴好绝缘手套，电缆放电应充分，防止触电伤人	
5	电缆故障性质判断	1. 使用数字兆欧表或万用表测量故障电缆的绝缘电阻值，并仔细检查电缆线芯的连续性，初步分析判断故障的性质并做好检查试验记录。 2. 如果故障电缆对地电阻大于 100 Ω，则是高阻故障，可用冲闪法粗测故障距离	测量故障电缆对地电阻时，其余两相必须可靠接地，测量值必须准确	
6	闪络测试（冲闪）法粗测故障距离	1. 在经过故障性质判定后，高阻闪络性故障可用冲闪法进行故障距离粗测。 2. 按照图 3-20 的方式进行接线。即在电缆故障测试仪的信号接口接入专用双 Q 测试线，一端连接取样器，将取样器靠近高压储能电容取样地线。 3. 将电缆故障测试仪软件中检测方法选择为高压闪络法，工作指示显示为红色，点击软件“采样”按钮，电流取样器的另一端连接电缆故障测试仪信号输入口。 4. 当采集到取样器反馈回的回波后，显示在软件界面。停止采样，通过触控笔或软件下沿的功能键对波形进行分析，测得故障的距离	使用闪络测试（冲闪）法粗测故障距离时，电缆末端应有专人监护	

续表 3-11

序号	作业内容	作业标准	安全注意事项	责任人
7	工作完成	1. 工作完毕,对电缆进行充分放电。 2. 收好设备及接线。 3. 向调度报告完成工作,拆除接地线	1. 电缆的放电一定要充分。 2. 一定要记得拆除接地线	
8	现场清理	完成后及时清理现场,做到工完、料尽、场地清	及时清理作业现场	

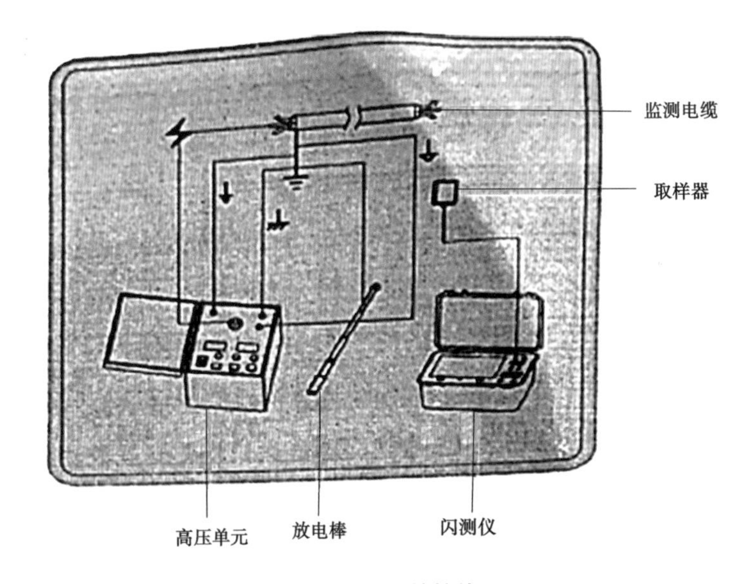

图 3-20　冲闪法的接线图

(五)相关知识

闪络测试法是较早应用的一种电缆故障测距法,是一种被动的测试方法,主要用于电缆高阻与闪络性故障的测距。其原理是通过直流高压或间隙击穿产生的脉冲高压将故障点击穿,然后在地线端通过线圈耦合方式采集故障点击穿放电产生的脉冲电流行波信号,或者在回路中并联分压电容或分压电阻采集故障点击穿放电产生的脉冲电压行波信号。

实际电缆故障中,断线开路与低阻短路故障很少,绝大部分故障都是高阻的或闪络性的单相接地、多相接地故障。而对于高阻或闪络性故障,由于故障点处的波阻抗变化太小,低压脉冲在此位置没有反射或反射很小,无法识别,所以低压脉冲法不能测试高阻或闪络性故障。对于这类故障,一般选用把故障点用高电压击穿的闪络法测试。

根据向电缆中加高电压的方式不同,闪络回波法又分为直流闪络回波法(简称直闪法)与冲击闪络回波法(简称冲闪法)。向电缆中施加直流高电压的则为直闪法,适用于击穿电压很高的闪络性故障测距;施加脉冲高电压的则为冲闪法,适用范围较广,高阻、低阻及闪络性故障的测距皆适用。鉴于橡塑电缆绝缘自恢复性较差,闪络性故障较少,闪络性故障用冲闪法也可测试等,实测中直闪法很少使用。现仅针对冲闪法原理进行介绍。

图 3-21 所示为脉冲电流冲闪法的测试原理接线图。

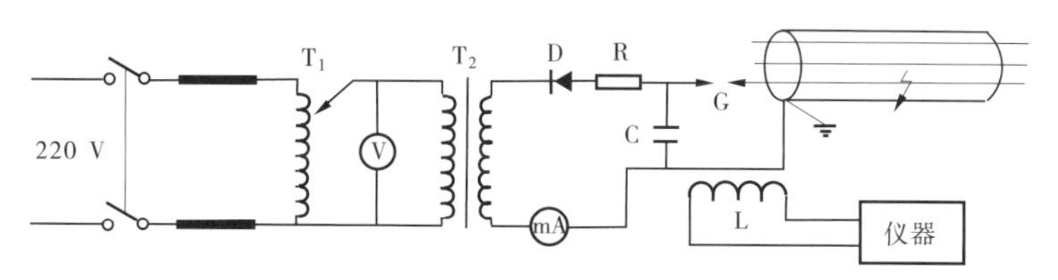

图 3-21　脉冲电流冲闪法的测试原理接线图

测试时,通过调节调压升压器对电容 C 充电,当电容 C 上电压足够高时,球形间隙 G 击穿,电容 C 对电缆放电,这一过程相当于把直流电源电压突然加到电缆上去。如果电压足够高,故障点就会击穿放电,其放电产生的高压脉冲电流行波信号就会在故障点和测试端往返循环传播,直到弧光熄灭或信号被衰减掉。

图 3-22 所示是一个比较常见的、典型的实测脉冲电流冲闪波形。如图 3-22 所示,1 是高压信号发生器的放电脉冲,也就是球间隙的击穿脉冲,球间隙被击穿后,高压才被突然加到电缆中,电容中电荷也随之向电缆中释放;3 是故障点的放电脉冲,这个脉冲会在故障点与电容端往返传播;5 是故障点放电脉冲的一次反射波,从故障点的放电脉冲到一次反射波之间就是故障距离。测试时,把零点实光标(图 3-22 中 2 指示的)放在故障点放电脉冲波形的下降沿(起始拐点处),虚光标(图 3-22 中 4 指示的)放在一次反射波形的上升沿,显示的数字 380 m 就是故障距离。

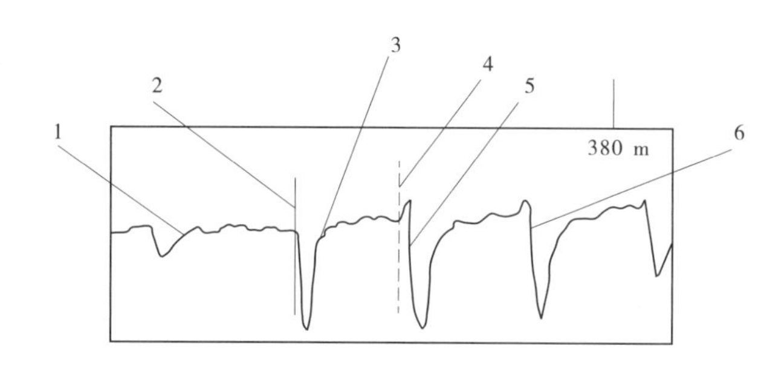

1—高压信号发生器的放电脉冲;2—实光标;3—故障点的放电脉冲;4—虚光标;
5—故障点放电脉冲的一次反射波;6—故障点放电脉冲的二次反射波

图 3-22　典型的实测脉冲电流冲闪波形

冲闪法的一个关键是判断故障点是否击穿放电。球间隙击穿与否与间隙距离及所加电压幅值有关,距离越大,间隙击穿所需电压越高,通过球间隙加到电缆上的电压也就越高。而电缆故障点能否击穿取决于施加到故障点上的电压是否超过临界击穿电压,如果球间隙较小,其间隙击穿电压小于故障点击穿电压,故障点就不会被击穿。

根据仪器记录波形可判断故障点是否击穿。除此之外,还可通过以下现象来判断故障点是否击穿:

(1)电缆故障点未击穿时,一般球间隙放电声嘶哑,不清脆,甚至有连续的放电声,而且火花较弱。而电缆故障点击穿时,球间隙放电声清脆响亮,火花较大。

(2)电缆故障电缆点未击穿时,电流表、电压表指针摆动范围较小,而电缆故障点击穿时,电压表、电流表指针摆动范围较大。

第四节 电缆路径探测及电缆识别

在对电缆故障进行测距之后,要根据电缆的路径走向,找出故障点的大体方位。由于有些电缆是直埋式或埋设在沟道里,且图纸资料又不齐全,不能明确判断电缆路径。这就需要专用仪器测量电缆路径。

对于电缆路径已知的线路无须探测电缆路径,但地下管道中,往往是多条电缆并行排列,还需要从多条电缆中找出故障电缆,这就涉及电缆的识别工作。

本节将分别介绍电缆路径查找和电缆识别的操作步骤及相关知识。

一、电缆路径探测

(一)引用的规程规范

(1)《电气装置安装工程 电缆线路施工及验收标准》(GB 50168—2018)。

(2)《电力电缆及通道运维规程》(Q/GDW 1512—2014)。

(3)《电力电缆及通道检修规程》(Q/GDW 11262—2014)。

(4)《电力安全工作规程 电力线路部分》(GB 26859—2011)。

(5)《配电网施工检修工艺规范》(Q/GDW 10742—2016)。

(6)《国家电网公司电力安全工作规程(配电部分)》(国家电网安质〔2014〕265 号)

(二)天气及作业现场要求

(1)作业人员应提前查阅电缆和有关附件的型号、制造厂家、安装日期、施工人员等原始资料。

(2)查阅电缆预防性试验安装报告,负荷、故障、检修等运行历史情况。

(3)查阅电缆故障时的系统操作和继电保护动作等情况。

(4)办理必备的开工手续,完成工作票的签发。

(5)对进场的工器具、设备进行检查和保养,确保能够正常使用。

(6)沿线检查电缆线路周边环境,如临近故障处的地面情况,有无新的挖土、打桩或埋设等其他管线工程。

(三)准备工作

1. 危险点及其预控措施

1)危险点——触电伤害

(1)与带电线路、同回路线路带电裸露部分要保持足够的安全距离,10 kV 线路应保持 0.7 m 的安全距离。

(2)电缆试验前,被试电缆和试验设备在测试前应该进行充分放电。

(3)做好待测试电缆的停电、验电、挂接地线操作。

(4)进入试验现场,试验人员必须戴安全帽,穿绝缘鞋。

(5)作业现场设置围栏并挂好警示标志。监护人员应随时注意,纠正作业人员的不规范或违章动作,禁止非工作人员及车辆进入作业区域。

(6)加压前,应核对电气连接方式、设备容量、电压变比。

(7)变更试验方式及电缆试验完毕时,残余电荷应放尽,防止残余电压伤人。

2)危险点——坠落伤人

(1)工作中需要进行登高和下电缆沟作业时,对工器具进行必要的检查,做好防止人员摔落的安全措施。

(2)登高作业必须系双保险安全带,戴安全帽。

(3)工作过程中要防止行人跌入窨井、沟坎,对开启的井口、窨井、沟坎等要设专人监护,并加装警示标志和安全标志。

2. 工器具及材料选择

本任务所需要的工器具及材料如表 3-12 所示。

表 3-12　电缆路径探测所需工器具及材料

序号	名称	规格型号	单位	数量	备注
1	电力电缆路径仪	HB-LJ504	台	1	性能良好
2	试验用电源线				
3	万用表		块	1	性能良好且检验合格
4	高压验电器	10 kV	只	2	在规定试验周期内试验合格
5	电工工具		套	1	工具绝缘合格
6	绝缘鞋	10 kV	双	2	在规定试验周期内试验合格
7	安全帽	10 kV	顶	若干	检查合格
8	接地棒	10 kV	根	2	在规定试验周期内试验合格
9	绝缘手套	10 kV	副	2	在规定试验周期内试验合格
10	皮尺		个	1	
11	对讲机		台	若干	

3. 作业人员分工

本任务共需要操作人员 7 人,作业人员分工如表 3-13 所示。

表 3-13　电缆路径探测作业人员分工

序号	工作岗位	数量(人)	工作职责
1	工作负责人 (现场总指挥)	1	负责本次工作任务的人员分工、工作前的现场查勘、现场复勘,办理作业票相关手续、召开工作班前会、落实现场安全措施,负责作业过程中的安全监督、工作中突发情况的处理、工作质量的监督、工作后的总结等
2	专责监护人员 (安全员)	1	负责各危险点的安全检查和监护
3	电缆路径查找人员	2	1 人负责手持信号接收器,1 人对查找的电缆路径进行标识
4	信号发生器操作人员	1	负责调节路径仪的信号输出幅值
5	电缆末端操作人员	2	负责在电缆末端完成相应操作

(四)工作流程

本任务工作流程如表 3-14 所示。

表 3-14　电缆路径探测工作流程

序号	作业内容	作业标准	安全注意事项	责任人
1	前期准备工作	1. 作业班组成员到达现场,进行复勘。 2. 有必要的情况下,对工作票的安全措施进行补充。 3. 召开班前会,对当天的工作进行“三交三查”。 4. 宣读工作票,进行现场技术交底。 5. 向调度报告开工,得到许可命令后,验电、挂接地线	1. 现场作业人员正确戴安全帽,穿工作服、绝缘鞋,戴劳保手套。 2. 现场交底时,每个工作人员必须在场聆听,若有不清楚之处,及时向工作负责人提问,工作负责人必须向每一位工作人员交代清楚各自的工作任务、工作范围、工作时间、安全措施、危险点和安全注意事项,全体工作人员签字	
2	工器具的检查	对此次用到的工器具逐一进行检查	逐一清点工器具、材料的数量及型号	

续表 3-14

序号	作业内容	作业标准	安全注意事项	责任人
3	确认故障电缆线路	1. 确认故障电缆线路名称及相位。 2. 全线巡视，检查电缆线路有无外破现象或明显故障点。 3. 如未发现明显的故障点，再进行下一步程序	巡查人员必须熟悉线路走向、路径、电缆排列方式	
4	故障电缆放电并隔离	1. 将故障电缆放电并接地。 2. 工作负责人监督拆除故障电缆两端与其他设备的电气连线，不得损伤电缆终端和其他电气设备。 3. 利用万用表对电缆进行导通试验，再次确认电缆是否待测电缆	电缆放电时应戴好绝缘手套，电缆放电应充分，防止触电伤人	
5	电缆路径查找	1. 将路径信号发生器连接至 220 V 电源上。 2. 对于未断线故障电缆的接线，应将输出正极接到故障电缆的完好相上，输出负极接地，电缆末端三相对地开路，接线图见图 3-23。对于长度较长的电缆或断线的电缆，应将电缆末端对地短路，接线图见图 3-24。 3. 信号发生器操作人员将输出旋钮逆时针旋转至尽头，打开电源开关，电源指示灯亮；调节输出旋钮，使指示表针在适当范围。 4. 路径查找人员连接探棒，长按 5 s 电源键，打开接收机。 5. 路径查找人员沿着电缆可能的路径进行查找，手持探棒垂直于地面，见图 3-25。以音谷法为例，作业人员听到的声音信号最小点即为电缆所在位置，另一作业人员对电缆所在位置进行标识，则最小点连成的线即是所埋电缆的路径。 6. 将探棒与地面形成 45° 角，声音信号最小点到电缆地面走向的垂直距离即是电缆在该处的埋深，见图 3-26	1. 若被测电缆超过数千米，调节输出旋钮增大输出电压。 2. 调节过程中，若过载指示灯亮，则需要调节输出旋钮，减小输出幅度，然后按启动按钮恢复工作	

续表 3-14

序号	作业内容	作业标准	安全注意事项	责任人
6	工作完成	1. 工作完毕，对电缆进行充分放电。 2. 收好设备及接线。 3. 向调度报告完成工作，拆除接地线	1. 电缆的放电一定要充分。 2. 一定要记得拆除接地线	
7	现场清理	完成后及时清理现场，做到工完、料尽、场地清	及时清理作业现场	

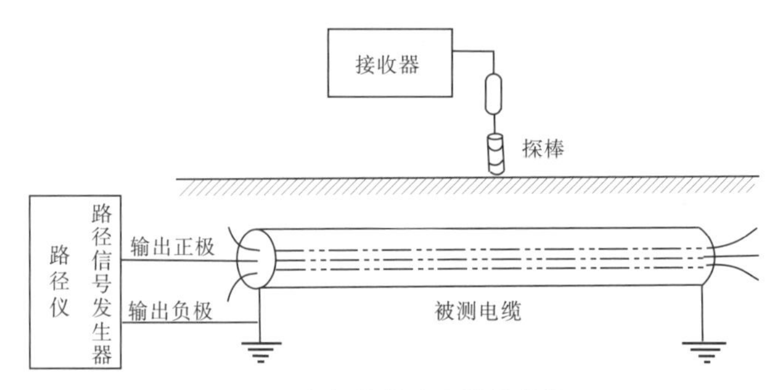

图 3-23　未断线故障电缆的接线图

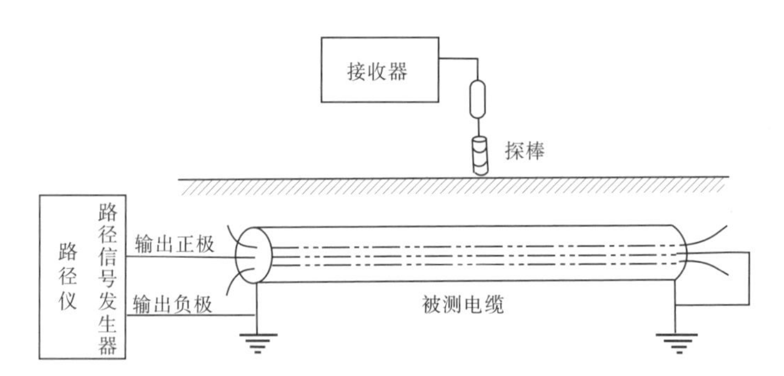

图 3-24　长电缆或断线故障电缆的接线图

图 3-25　查找电缆路径

图 3-26　查找电缆埋深

(五)相关知识

电缆路径探测可由多种类型的设备完成,当前比较常见的是普通路径仪和管线探测仪。二者的原理多有相似,但又各有不同,现分别针对普通路径仪和管线探测仪的工作原理进行介绍。需要说明的是,有些路径仪和管线探测仪也能实现电缆故障精确定点的功能,本节只讨论路径探测的原理。

1. 普通路径仪

普通路径仪是用在一定范围内准确探测直埋电缆走向及埋设深度的专用仪器,由路径信号发生器和路径信号接收器配合测试完成,通过它们之间的配合使用操作,可在大概的电缆埋设范围内对电缆路径进行精确定位。

采用路径信号发生器向被测电缆中输入一音频电流,由此产生电磁波,然后用电感线圈接收音频信号,该接收信号经放大后送入耳机或指示仪表,再根据耳机中的音峰、音谷或指示仪表指针的偏转程度来判别电缆的埋设路径、深度。

电缆路径探测根据传感器感应线圈放置的方向不同,又分为音峰法与音谷法两种方法。

如图 3-27 所示,向电缆中注入音频电流信号后,在传感器感应线圈轴线垂直于地面时,电缆的正上方线圈中穿过的磁力线最少,线圈中感应电动势最小。在电缆附近,磁场强度与其位置关系形成一条马鞍形曲线,曲线谷点所对应的线圈位置就是电缆的正上方,这种方法就是音谷法。而当传感器感应线圈轴线平行于地面时(要垂直于电缆走向),在电缆的正上方线圈中穿过的磁力线最多,线圈中感应电动势最大,线圈往电缆左右方向移动时,音频声音逐渐减弱,磁场最强的正下方就是电缆,这种方法就是音峰法。

采用音谷法探测电缆埋设深度,若在已测准的电缆位置上面,将探棒与地面成 45°夹角,垂直于该路径走向向外移动,当声音最小时,探棒所平移的距离即电缆的埋设深度。电缆埋设深度测量原理图见图 3-28。

2. 管线探测仪

管线探测仪以电磁感应法为基础根据通信原理的应用设计而成,与普通路径仪只能查找停电电缆路径相比,管线探测仪既可用于查找不带电电缆路径,又可用于查找带电电缆路径。其基本工作原理是:由发射机产生电磁信号,通过不同的发射连接方式将信号传送到地下被测电缆上,地下电缆感应到电磁信号后,在电缆上产生感应电流,感应电流沿

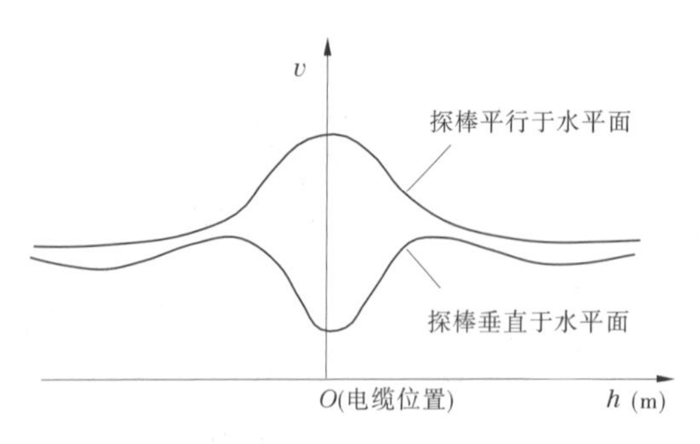

图 3-27　路径探测接收幅值与位置关系图

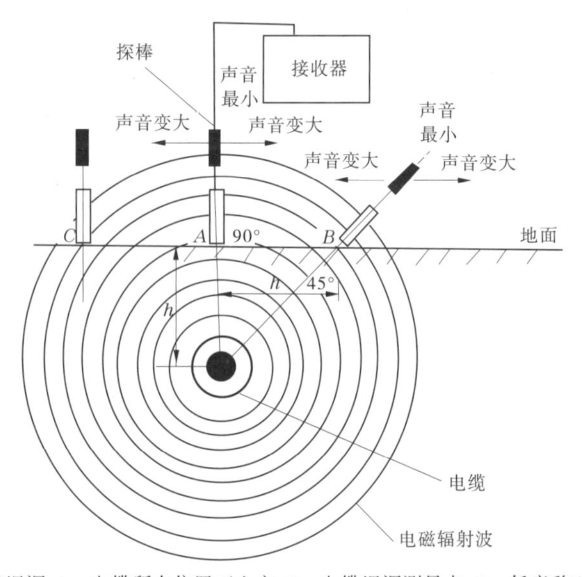

h—电缆埋深;A—电缆所在位置正上方;B—电缆埋深测量点;C—任意移动的位置

图 3-28　电缆埋设深度测量原理图

着电缆向远处传播,在电流的传播过程中,通过该地下电缆向地面辐射出电磁波,当管线定位仪接收机在地面探测时,就会在电缆上方的地面上接收到电磁波信号,通过接收到的信号强弱变化来判别地下电缆的位置、走向和故障。

管线探测仪由发射机和接收机组成(见图 3-29),左边即是发射机,右边是接收机。

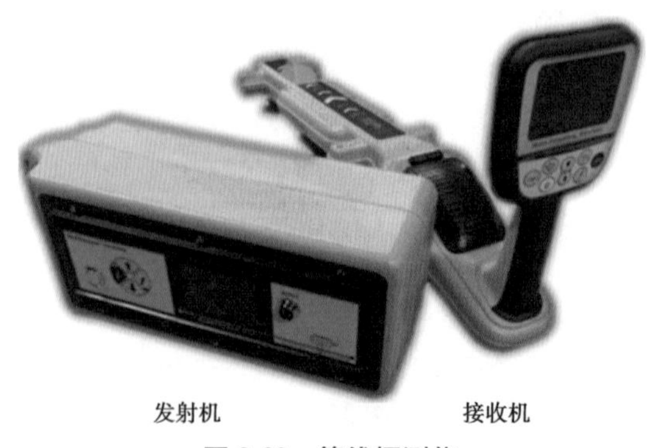

发射机　　　　接收机

图 3-29　管线探测仪

发射机发射信号的方式有以下三种：

(1)直连法。在电缆的终端处，把信号发生器的两条信号输出线直接连接到被测电缆上，直接输入电磁信号的方法称为直连法(见图3-30)。这种方法产生的信号最强，传播距离最远，可用于停电电缆的探测。

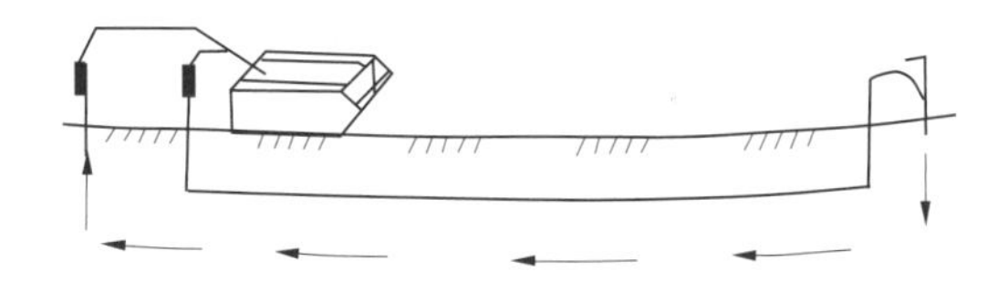

图3-30　直连法示意图

(2)耦合法。在电缆终端处或中间某位置，通过大口径钳形互感器，把电磁信号耦合到电缆上的方法，称为耦合法(见图3-31)。这种方法既可用于停电电缆的探测，也可用于带电电缆的探测。发射机在发射信号时，应该根据下述原则选择相应信号频率：频率越高，信号越容易感应到其他管线上，而且信号的传播距离越短。对于一般的管道和电缆的探测，应使用中频和高频。低频适用于长距离追踪，且不会感应到其他管线上。

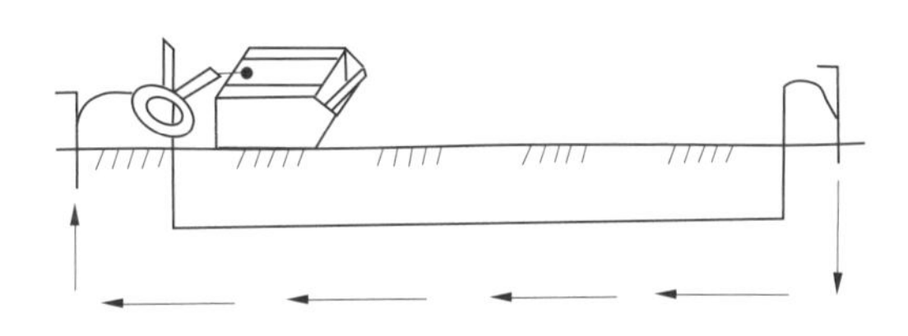

图3-31　耦合法示意图

(3)辐射法。在金属管线的上方，由信号发生器向金属管线发射音频信号，用于找不到金属管线两终端并无法用耦合法输入信号的情况，电缆路径探测很少采用此种方法。

对于接收机来说，要识别电缆主要有波峰法、波谷法和跨步电压法三种方法，前两种方法与普通路径仪的原理类似，此处只介绍跨步电压法。

通过“A”字架可以探测出直埋电缆对地故障及外皮破损故障。将“A”字架连接到接收机，接收机通过接收“A”字架探测到的发射机发出的由故障点溢出的泄漏信号，可很方便地定位直埋电缆对地及外皮破损故障(见图3-32)。

图3-32　跨步电压法找故障电缆

二、电缆识别

(一)引用的规程规范

(1)《电气装置安装工程 电缆线路施工及验收标准》(GB 50168—2018)。

(2)《电力电缆及通道运维规程》(Q/GDW 1512—2014)。

(3)《电力电缆及通道检修规程》(Q/GDW 11262—2014)。

(4)《电力安全工作规程 电力线路部分》(GB 26859—2011)。

(5)《配电网施工检修工艺规范》(Q/GDW 10742—2016)。

(6)《国家电网公司电力安全工作规程(配电部分)》(国家电网安质〔2014〕265 号)。

(二)天气及作业现场要求

(1)作业人员应提前查阅电缆和有关附件的型号、制造厂家、安装日期、施工人员等原始资料。

(2)查阅电缆预防性试验安装报告,以及负荷、故障、检修等运行历史情况。

(3)查阅电缆故障时的系统操作和继电保护动作等情况。

(4)办理必备的开工手续,完成工作票的签发。

(5)对进场的工器具、设备进行检查和保养,确保能够正常使用。

(6)沿线检查电缆线路周边环境,如临近故障处的地面情况,有无新的挖土、打桩或埋设等其他管线工程。

(三)准备工作

1. 危险点及其预控措施

1)危险点——触电伤害

(1)与带电线路、同回路线路带电裸露部分要保持足够的安全距离,10 kV 线路应保持 0.7 m 的安全距离。

(2)电缆试验前,被试电缆和试验设备在测试前应该进行充分放电。

(3)做好待测试电缆的停电、验电、挂接地线操作。

(4)进入试验现场,试验人员必须戴安全帽,穿绝缘鞋。

(5)作业现场设置围栏并挂好警示标志。监护人员应随时纠正作业人员的不规范或违章动作,禁止非工作人员及车辆进入作业区域。

2)危险点——坠落伤人

(1)工作中需要进行登高和下电缆沟作业时,对工器具进行必要的检查,做好防止人员摔落的安全措施。

(2)登高作业必须系双保险安全带,戴安全帽。

(3)工作过程中要防止行人跌入窨井、沟坎,对开启的井口、窨井、沟坎等要设专人监护,并加装警示标志和安全标志。

2. 工器具及材料选择

本任务所需要的工器具及材料如表 3-15 所示。

表 3-15 电缆识别所需工器具及材料

序号	名称	规格型号	单位	数量	备注
1	电力电缆识别仪	HB-S505S	台	1	性能良好
2	试验用电源线				
3	万用表		块	1	性能良好且检验合格

续表 3-15

序号	名称	规格型号	单位	数量	备注
4	高压验电器	10 kV	只	2	在规定试验周期内试验合格
5	电工工具		套	1	工具绝缘合格
6	绝缘鞋	10 kV	双	2	在规定试验周期内试验合格
7	安全帽	10 kV	顶	若干	检查合格
8	接地棒	10 kV	根	2	在规定试验周期内试验合格
9	绝缘手套	10 kV	副	2	在规定试验周期内试验合格
10	对讲机		台	若干	

3. 作业人员分工

本任务共需要操作人员 6 人，作业人员分工如表 3-16 所示。

表 3-16　电缆识别作业人员分工

序号	工作岗位	数量(人)	工作职责
1	工作负责人（现场总指挥）	1	负责本次工作任务的人员分工、工作前的现场查勘、现场复勘，办理作业票相关手续、召开工作班前会、落实现场安全措施，负责作业过程中的安全监督、工作中突发情况的处理、工作质量的监督、工作后的总结等
2	专责监护人员(安全员)	1	负责各危险点的安全检查和监护
3	电缆识别人员	1	负责手持信号接收器，查找故障电缆
4	信号发生器操作人员	1	负责调节发射机的信号输出
5	电缆末端操作人员	2	负责在电缆末端完成相应操作

(四)工作流程

本任务工作流程如表 3-17 所示。

表 3-17　电缆识别工作流程

序号	作业内容	作业标准	安全注意事项	责任人
1	前期准备工作	1. 作业班组成员到达现场，进行复勘。 2. 有必要的情况下，对工作票的安全措施进行补充。 3. 召开班前会，对当天的工作进行“三交三查”。 4. 宣读工作票，进行现场技术交底。 5. 向调度报告开工，得到许可命令后，验电、挂接地线	1. 现场作业人员正确戴安全帽，穿工作服、绝缘鞋，戴劳保手套。 2. 现场交底时，每个工作人员必须在场聆听，若有不清楚之处，及时向工作负责人提问，工作负责人必须向每一位工作人员交代清楚各自的工作任务、工作范围、工作时间、安全措施、危险点和安全注意事项，全体工作人员签字	
2	工器具的检查	对此次用到的工器具逐一进行检查	逐一清点工器具、材料的数量及型号	
3	确认故障电缆线路	1. 确认故障电缆线路名称及相位。 2. 全线巡视，检查电缆线路有无外破现象或明显故障点。 3. 如未发现明显的故障点，再进行下一步程序	巡查人员必须熟悉线路走向、路径、电缆排列方式	
4	故障电缆放电并隔离	1. 将故障电缆放电并接地。 2. 工作负责人监督拆除故障电缆两端与其他设备的电气连线，不得损伤电缆终端和其他电气设备。 3. 利用万用表对电缆进行导通试验，确保电缆没有断线	电缆放电时应戴好绝缘手套，电缆放电应充分，防止触电伤人	

续表 3-17

序号	作业内容	作业标准	安全注意事项	责任人
5	电缆识别	1. 打开电缆识别仪的所有设备,并做好发射机的测试及接收机的测试工作,确认设备是正常可用的。 2. 按照图 3-33 所示进行接线,注意确认柔性线圈上的箭头指向电缆远端(电缆芯线接地的那一端)。 3. 为了确保电缆识别仪正常工作,在电缆近端按照图 3-33 所示接线,用柔性线圈卡住电缆有铠装或铜屏蔽的部位。调节信号发射机的输出信号增益,让电子表盘的指针在 8 或 9 的位置(表计的量程为 0~12),同时指针的偏转是顺时针的,屏幕下面显示“电缆识别成功”,并有“嘀”提示音。 4. 识别人员带着柔性线圈和接收器来到故障点,让柔性钳上的箭头指向远端,用柔性线圈依次卡住每一根电缆,观察接收器,等待显示测量结果,见图 3-34。若指针为逆时针指示,同时下方显示“非目标电缆”或者没有指针转动及“无识别信号”,则证明是其他电缆。当指针顺时针指示,同时下方显示“电缆识别成功”,并伴有“嘀”提示音时,证明这条电缆就是目标电缆	1. 第 3 步不可缺少,通过第 3 步可以确认采用多大的增益合适。 2. 若故障点距离电缆首端较远,有必要增大输出信号增益	
6	工作完成	1. 工作完毕,对电缆进行充分放电。 2. 收好设备及接线。 3. 向调度报告完成工作,拆除接地线	1. 电缆的放电一定要充分。 2. 一定要记得拆除接地线	
7	现场清理	完成后及时清理现场,做到工完、料尽、场地清	及时清理作业现场	

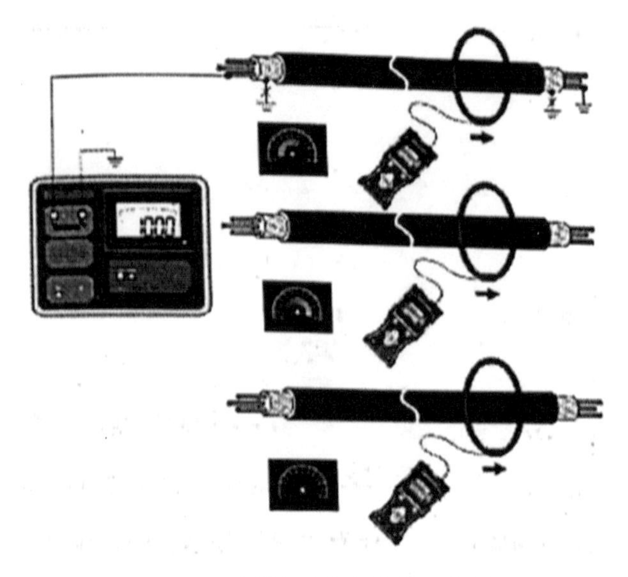

图 3-33　电缆识别仪的接线示意图

图 3-34　目标电缆识别

(五)相关知识

当故障查找人员找到电缆故障点以后,需要从多根电缆中准确识别出其中某一根目标电缆,进而避免因为误锯带电电缆而引发严重事故,因而需要识别出正确的故障电缆。

市面上常见的电缆识别仪一般由发射机、接收机和电流钳组成(见图 3-35)。

电缆识别仪的工作原理是,由脉冲信号发射机发射方波脉冲电流至电缆,此脉冲电流在被测电缆周围产生脉冲磁场,通过夹在电缆上的感应夹钳拾取,传输到识别接收器。识别接收器可以显示出脉冲电流的幅值和方向,从而确定故障电缆。

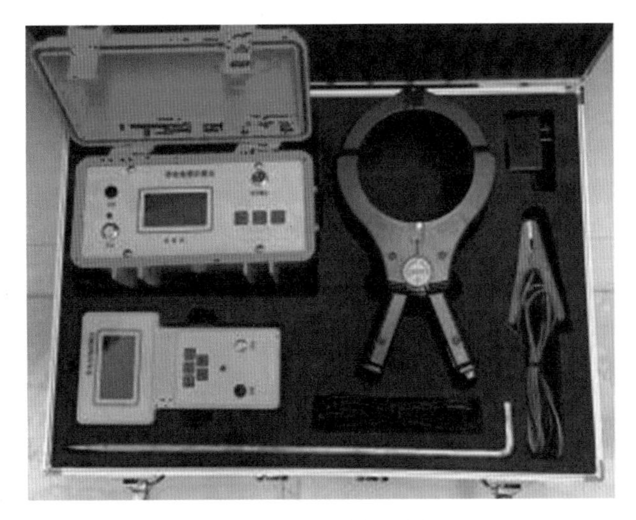

图 3-35　电缆识别仪

第五节　电缆故障精确定点

在对故障电缆粗测距离后，根据电缆的路径走向，可判断出故障点大致方位，但此时距离找到准确的故障点还有一定误差，为了减少作业人员的工作量，需进一步通过故障定点仪探测故障点精确位置。

常见的电缆故障精确定点的方法主要有声测法、声磁同步法、音频感应法与跨步电压法。声磁同步法可应用于除金属性故障外的所有类型的故障精确定点，音频感应法可用于金属性短路的故障精确定点。鉴于电力电缆的故障中绝大部分故障都是非金属性短路，因此本节仅介绍应用声磁同步法进行故障精确定点的作业步骤及相关知识。

一、引用的规程规范

(1)《电气装置安装工程 电缆线路施工及验收标准》(GB 50168—2018)。

(2)《电力电缆及通道运维规程》(Q/GDW 1512—2014)。

(3)《电力电缆及通道检修规程》(Q/GDW 11262—2014)。

(4)《电力安全工作规程 电力线路部分》(GB 26859—2011)。

(5)《配电网施工检修工艺规范》(Q/GDW 10742—2016)。

(6)《国家电网公司电力安全工作规程(配电部分)》(国家电网安质〔2014〕265 号)。

二、天气及作业现场要求

(1)作业人员应提前查阅电缆和有关附件的型号、制造厂家、安装日期、施工人员等原始资料。

(2)查阅电缆预防性试验安装报告，以及负荷、故障、检修等运行历史情况。

(3)查阅电缆故障时的系统操作和继电保护动作等情况。

(4)办理必备的开工手续,完成工作票的签发。

(5)对进场的工器具、设备进行检查和保养,确保能够正常使用。

(6)沿线检查电缆线路周边环境,如临近故障处的地面情况,有无新的挖土、打桩或埋设等其他管线工程。

三、准备工作

(一)危险点及其预控措施

1. 危险点——触电伤害

(1)与带电线路、同回路线路带电裸露部分要保持足够的安全距离,10 kV 线路应保持 0.7 m 的安全距离。

(2)电缆试验前,被试电缆和试验设备在测试前应该进行充分放电。

(3)做好被试电缆的停电、验电、挂接地线操作。

(4)在试验现场,试验人员必须戴安全帽,穿绝缘鞋。

(5)作业现场设置围栏并挂好警示标志。监护人员应随时注意,纠正作业人员的不规范或违章动作,禁止非工作人员及车辆进入作业区域。

(6)加压前,应核对试验接线的电气连接方式、设备容量、电压变比。同时,电缆对端一定要有专人监护。

(7)变更试验方式及电缆试验完毕时,残余电荷应放尽,防止残余电压伤人。

2. 危险点——坠落伤人

(1)工作中需要进行登高和下电缆沟作业时,对工器具进行必要的检查,做好防止人员摔落的安全措施。

(2)登高作业必须系双保险安全带,戴安全帽。

(3)工作过程中要防止行人跌入窨井、沟坎,对开启的井口、窨井、沟坎要设专人监护,并加装警示标志和安全标志。

(二)工器具及材料选择

本任务所需要的工器具及材料如表 3-18 所示。

表 3-18　电缆故障精确定点所需工器具及材料

序号	名称	规格型号	单位	数量	备注
1	电力电缆故障仪	HB-LJ504	台	1	含高压发生器,且性能良好
2	电缆故障定位仪	T16+	台	1	性能良好
3	试验用电源线				
4	万用表		块	1	性能良好且检验合格
5	数字兆欧表	2 500 V 及以上	台	1	

续表 3-18

序号	名称	规格型号	单位	数量	备注
6	高压验电器	10 kV	只	2	在规定试验周期内试验合格
7	电工工具		套	1	工具绝缘合格
8	绝缘鞋	10 kV	双	2	在规定试验周期内试验合格
9	安全帽	10 kV	顶	若干	检查合格
10	接地棒	10 kV	根	2	在规定试验周期内试验合格
11	绝缘手套	10 kV	副	2	在规定试验周期内试验合格
12	对讲机		台	若干	

(三)作业人员分工

本任务共需要操作人员 7 人,作业人员分工如表 3-19 所示。

表 3-19　电缆故障精确定点作业人员分工

序号	工作岗位	数量(人)	工作职责
1	工作负责人(现场总指挥)	1	负责本次工作任务的人员分工、工作前的现场查勘、现场复勘,办理作业票相关手续、召开工作班前会、落实现场安全措施,负责作业过程中的安全监督、工作中突发情况的处理、工作质量的监督、工作后的总结等
2	专责监护人员(安全员)	1	负责各危险点的安全检查和监护
3	电缆故障查找人员	2	1 人主要负责查找电缆故障,1 人辅助
4	信号发生器操作人员	1	调节信号输出幅值
5	电缆末端操作人员	2	负责在电缆末端完成相应操作

(四)工作流程

本任务工作流程如表 3-20 所示。

表 3-20　电缆故障精确定点工作流程

序号	作业内容	作业标准	安全注意事项	责任人
1	前期准备工作	1. 作业班组成员到达现场，进行复勘。 2. 有必要的情况下，对工作票的安全措施进行补充。 3. 召开班前会，对当天的工作进行“三交三查”（见图 3-36）。 4. 宣读工作票，进行现场技术交底。 5. 向调度报告开工，得到许可命令后，验电、挂接地线（见图 3-37）	1. 现场作业人员正确戴安全帽，穿工作服、绝缘鞋，戴劳保手套。 2. 现场交底时，每个工作人员必须在场聆听，若有不清楚之处，及时向工作负责人提问，工作负责人必须向每一位工作人员交代清楚各自的工作任务、工作范围、工作时间、安全措施、危险点和安全注意事项，全体工作人员签字	
2	工器具的检查	对此次用到的工器具逐一进行检查，（见图 3-38）	逐一清点工器具、材料的数量及型号	
3	确认故障电缆线路	1. 确认故障电缆线路名称及相位。 2. 全线巡视，检查电缆线路有无外破现象或明显故障点。 3. 如未发现明显的故障点，再进行下一步程序	巡查人员必须熟悉线路走向、路径、电缆排列方式	
4	故障电缆放电并隔离	1. 将故障电缆放电并接地，见图 3-39。 2. 工作负责人监督拆除故障电缆两端与其他设备的电气连线，不得损伤电缆终端和其他电气设备。 3. 利用万用表对电缆进行导通试验：测试对端应三相短接，测试端用万用表的蜂鸣挡测量三相线芯两两之间是否导通。拆除对端短接线后，在测试端任选两相线芯，再用万用表测量，此时应该不通，表明正进行通断测试的两个终端是同一条电缆的两端	1. 电缆放电时应戴好绝缘手套，电缆放电应充分，防止触电伤人。 2. 导通试验不能遗漏，否则可能会引发触电事故	

续表 3-20

序号	作业内容	作业标准	安全注意事项	责任人
5	绝缘电阻测量	用 2 500 V 或以上绝缘电阻测试仪测量电缆三相各自对地(金属屏蔽层)的绝缘情况,三相绝缘电阻都良好时,做耐压试验,确认故障相及故障性质	1. 对于高压试验击穿的闪络性故障,可再次做高压试验,通过多次高压试验击穿,使电缆绝缘降低到故障探测用高压信号发生器可击穿的程度。 2. 测完绝缘电阻、做完耐压试验后要记得放电	
6	全长及接头距离测量	用低压脉冲法测量全长范围内的低压脉冲反射,可测得电缆全长及每一个接头的距离。并分析每个接头的反射波形,关注反射异常的接头波形,记录好其距离	应在电缆充分放电后进行本步骤	
7	故障测距	1. 若故障是低阻故障或断线故障,则可选用闪测仪中的低压脉冲法进行测量。 2. 若故障是高阻故障,则首选闪测仪中的二次脉冲法进行测距	选择的测距方法一定要正确	
8	故障精确定点	1. 采用声磁同步原理的定位仪查找故障。 2. 按要求接线后,接通高压信号发生器电源,调整工作方式为周期放电,调至电压为 15 kV,放电周期为 6 s。 3. 携带故障定位仪,根据大致电缆路径走到粗测的距离处,用定位仪的脉冲磁场的方向法找到故障电缆的埋设位置(见图 3-40);然后往测试端方向每隔 1 m 进行一次定点,当行至距离故障点一定距离的时候,仪器上有磁场和声音波形产生,波形显示声磁时间差较大,此时声音波形幅值较小;继续查找,声磁时间差逐渐变小,当到达故障点正上方时,声磁时间差最小,声音波形幅值较大;过故障点后,声磁时间差又逐渐变大,可以确定声磁时间差最小的地方就是故障点(见图 3-41)。 4. 找到故障点后,用通信工具通知停止声测放电,将电缆充分放电。 5. 测量完毕,高压旋钮回零,拉开试验电源的刀闸,使用放电棒渐进、缓慢地靠近加压端试验设备及电缆,对电缆进行充分放电并挂上接地线	声测人员必须始终在放电现场,加压人员监视放电电压的大小,防止试验设备发热,造成设备损坏;作业人员沿电缆路径仔细听探故障点的位置	

续表 3-20

序号	作业内容	作业标准	安全注意事项	责任人
9	故障位置确认	1. 将电缆两端挂上短路接地线，工作负责人向上级汇报查找结果，组织人力开挖故障点并做好安全措施。 2. 电缆专业人员要始终监守电缆和挖掘工作现场。 3. 开断电缆前，将带接地线的铁钉固定在绝缘棒上，用带绝缘柄的铁锤将铁钉打入电缆主绝缘，确定电缆无电后，方可开断电缆。 4. 故障点开断后，现场作业人员在故障点两端做好电缆分段耐压试验，防止重复故障点漏查现象发生，将开断点做好密封处理，防止电缆受潮	1. 铁钉上的接地线必须接地良好；绝缘棒及绝缘柄的绝缘应可靠。 2. 操作人员必须戴绝缘手套，并站在绝缘橡皮上操作	
10	完工	1. 工作完毕后，拆除施工电源，清理施工现场，施工垃圾分类存放，确保施工环境无污染，做到工完、料尽、场地清。 2. 指定专人认真清点本项目施工的所有从业人员，清理开工前所携带的工器具，应无丢失，材料的使用情况正常，确定线路无人后，拆除所挂接地线并向调度报完工	务必记得拆除接地线	

图 3-36　三交三查

图 3-37　验电

图 3-38　检查工器具

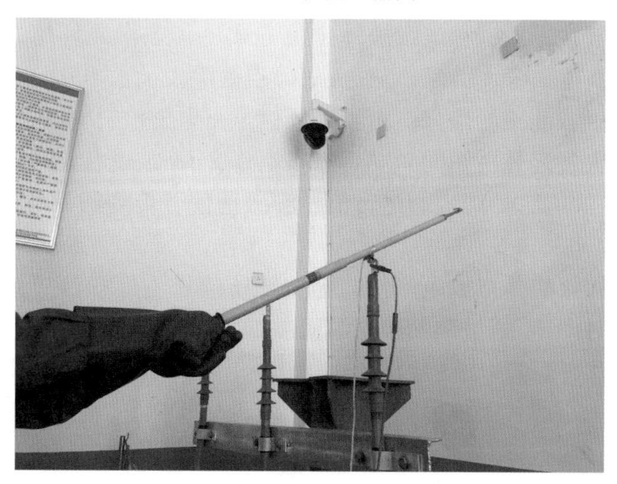

图 3-39　对电缆进行充分放电

图 3-40　使用定位仪查找电缆故障位置

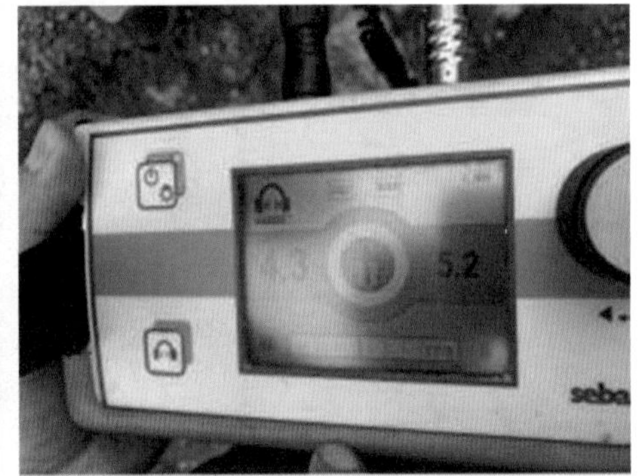

图 3-41　找到故障点位置

（五）相关知识

声磁同步法是最常见的一种电缆故障定位方式。其工作原理是，经高压信号发生器向故障电缆加脉冲高压信号使故障点放电，故障点处除发出放电声音信号外，同时放电电流会在电缆周围产生脉冲磁场信号。由于磁场信号是电磁波，传播速度极快，从故障点传播到仪器传感器探头放置处所用的时间可忽略不计，而声波的传播速度则相对较慢，传播时间为毫秒级，同一放电脉冲产生的声音信号和磁场信号传到探头时会有一个时间差，称为声磁时间差。

用传感器同步接收故障点放电产生的脉冲磁场信号与声音信号，测量出两个信号传播到传感器的声磁时间差，通过判断声磁时间差的大小探测故障点精确位置的方法称为声磁同步接收定点法，简称声磁同步法。

声磁时间差的大小即代表故障点距离的远近，找到时间差最小的位置，即为故障点的正上方。换句话说，此时传感器所对应的正下方即为故障点。

第四章

电力电缆新技术

本章对电力电缆发展形势及电力电缆新技术进行简要介绍,使学员了解电力电缆发展形势,掌握电力电缆发展主方向。

第一节　电力电缆发展形势

本节主要介绍电力电缆发展形势,使学员对国内电缆现状和发展形势有宏观的概念。

近年来,随着国民经济的发展和城市化进程的推进,电力电缆以其优异的电机械性能迅速取代架空线,在城市电网中的应用与日俱增,已成为城市电能输送的"血管"。海上风电、光伏发电、智能园区等分布式新能源的发展对海底电缆和柔性直流电缆的应用也提出新的需求。

因此,电力电缆线路的性能与运行可靠性已经成为影响电网供电可靠性与供电质量的关键因素。目前电力电缆行业仍面临以下主要问题:

(1)高端电缆料受制于人,电缆设备性能有待提升。

(2)负荷增长与线路扩容、通道资源的矛盾日益突显。

(3)电缆通道火灾及损毁等重大风险依然严峻。

(4)电缆线路及通道运行状态感知体系有待健全。

(5)电缆线路及通道运行性能评价方法有待完善。

(6)电缆专业数字化管理与智能化管控体系亟待建立。

第二节　电力电缆绝缘在线监测技术

本节主要介绍电力电缆常见的绝缘在线监测技术,主要包含电缆线路局部放电、温度、介质损耗、绝缘电阻等重要的绝缘参数在线监测技术基本原理及系统应用,为电缆线路在线监测系统的运行维护和检修做好知识储备。

一、局部放电检测

(一)局部放电的基本原理

1.局部放电的定义

局部放电是指设备绝缘系统中部分被击穿的电气放电,这种放电可以发生在导体(电极)附近,也可以发生在其他位置。局部放电一般分为绝缘材料内部放电和表面放电两个类型。

高压交联电缆及其附件大多采用交流聚乙烯固体绝缘,固体绝缘和绝缘周围由于制作、运输、现场安装及运行老化等因素不可避免地存在各类缺陷。在电场场强的作用下,这些缺陷表现出局部放电特征,而局部放电所伴生的声、光、热、化学分解等会将绝缘体的破坏扩大化，局部放电的持续发展会逐渐造成绝缘的损伤。

2. 局部放电检测种类

局部放电检测是为了确定被试品是否存在微量放电及放电量是否超标，确定局部放电起始和熄灭电压，发现其他绝缘试验不能检测出来的绝缘局部隐形缺陷和故障。

局部放电的检测方法包括很多种，分为 IEC 标准的测量方法（一般用于实验室环境）和非传统测量方法两大类。因为电缆现场情况复杂、接头数多，一般采用后者。非传统测量方法包括高频、超高频（UHF）、超声诊断法等测量方法。

3. 局部放电检测原理

局部放电检测的基本原理是在一定的电压下测定试品绝缘结构中局部放电所产生的高频电流脉冲。

IEC 标准的测量方法适用于实验室环境，本节不再介绍。非传统测量方法中，重点介绍高频检测法、超高频（UHF）测量法和超声诊断法三种方法的检测原理。

（1）高频检测法。通过在电缆接头中预埋电极提取局部放电信号和从交叉互联箱用高频电流互感器提取放电信号这两种方法来检测电缆的局部放电量。采集到的局部放电信号通过在线监测软件系统处理后显示放电量、放电次数、起始电压、熄灭电压等参数，并在系统中进行局部放电点定位。本方法适用于高压电缆的带电检测和在线检测。

（2）超高频（UHF）测量法。其下限频率在 300 MHz 以上，上限频率在 1 000 MHz 以上。通过根据从安装于不同位置的相邻耦合器（传感器）到达的信号之间的时间差对局部放电点准确定位，测得两耦合器（传感器）之间的距离，根据软件计算求出局部放电点的位置。超高频（UHF）测量法适合于 GIS 设备和中低压电缆接头的连续固定的在线检测。

（3）超声诊断法。超声诊断法就是在电力设备外部安放传感器，检测局部放电时产生的压力波。传感器的灵敏范围一般为 20～100 kHz。超声诊断法更适合于 35 kV 及以下电缆终端的短期在线监测。

（二）电缆局部放电在线监测系统

电缆现场情况复杂、接头数多，现场采用分布式方法进行局部放电检测。该技术是在同一条电力电缆线路上同时布置多个测试点，同时对每个测试点的局部放电数据进行精确同步采样，将每个测试点的局部放电数据上传至远程服务器进行异地存储和实时分析。系统宜采用高频脉冲电流法，对运行状态下高压交流电缆的局部放电状态量进行连续或周期性的自动监测，应对监测数据进行长期存储、管理、综合分析，以数值、图形、表格、曲线和文字等形式进行展示和描述，能反映局部放电状态量的变化趋势，并在局部放电状态量异常时进行报警。

1. 监测要求

户外装置正常工作条件，应符合《高压交流电缆在线监测系统通用技术规范》（DL/T 1506—2016）5.1 的要求；户内装置正常工作条件，应符合《高压交流电缆在线监测系统通用技术规范》（DL/T 1506—2016）5.2 的要求。

2. 监测功能

（1）局部放电在线监测系统宜布置在同轴电缆处。

（2）局部放电在线监测系统应有稳定的电源供电，装置的外壳防护等级应达到 IP65。

(3)信号采集单元应具备高压交流电缆局部放电状态量的自动采集、信号调理、模数转换和数据预处理功能。

(4)信号采集单元应能够将高压交流电缆局部放电状态量就地数字化和缓存,并根据需要定期将监测信息发送至监控主机。

(5)监测系统应具备干扰抑制功能,可抑制高压交流电缆线路内部及外界的干扰信号,如连续性窄带干扰、固定相位脉冲干扰、随机性脉冲干扰等。

(6)监测系统应具备手动检测功能。

3. 数据记录功能

(1)监控主机应具备局部放电状态量特征参数(放电量、放电相位、放电次数、放电量-放电相位图谱等)的自动记录与就地存储功能,存储时长应不小于1年。

(2)监测系统应具有数据保护功能,不应因供电电压中断、快速或缓慢波动及跌落丢失已储存的监测数据。

(3)监测系统应具有数据管理功能,应能导出备份超过规定存储时长的数据,并应具备历史数据浏览功能。

(4)应具备至少1年的数据储存能力,储存内容包括等效放电量、相位、重复率,以及必要的局部放电信号的原始波形等表征参量及检测辅助信息,数据库应具备自动检索、历史数据回放和数据导出功能。

4. 数据分析功能

(1)监测系统应能提供放电量、放电相位、放电次数等基本的局部放电状态量特征参数,展示二维($Q-\varphi$、$n-\varphi$、$Q-t$、$n-t$ 等)、三维($Q-\varphi-n$、$Q-\varphi-t$ 等)放电图谱,具备各种统计特征参数展示功能。

(2)监测系统应具备数据分析与识别诊断功能。

(3)监测系统应能以图形、曲线、报表等方式对局部放电状态量的变化趋势进行统计、分析和展示,时间段、时间间隔应可选。

(4)监测系统报警时,应能切换至手动检测与分析模式。

(5)监测系统发现放电或放电活动趋势异变后,应具备辅助查找放电源位置的功能。

(6)监测系统应提供离线分析功能。

5. 报警功能

监测系统应能实现局部放电状态检出报警,宜具备在预设的监测周期内变化趋势异常的报警功能,可设定报警条件。报警信息应能上传至综合监测分析系统,且宜能同时发送至用户的手持式移动终端。监测系统异常情况下应能建立事件日志。

6. 通信功能

(1)信号采集单元和监控主机之间的通信应满足监测数据交换所需要的、标准的、可靠的现场工业控制总线、以太网总线或无线网的要求。

(2)监控主机应能够将经过处理的数据发送至综合监测分析系统;监控主机与综合监测分析系统之间应采用《电力自动化通信网络和系统》(DL/T 860—2013)、《电力系统实时数据通信应用层协议》(DL/T 476—2012)或用户要求的其他标准通信协议进行通信。

(3)在线监测系统应满足信息安全防护方面的相关要求。

（4）在线监测系统应具有时钟同步功能，实现系统内各部分的时钟同步。

7. 检测频带

采用高频脉冲电流法的监测系统信号检测频带至少应包含 200 kHz~20 MHz。

8. 测量灵敏度

为便于对比分析局部放电在线监测系统的测量结果，放电量单位宜统一为 pC。

在实验室环境下，监测系统中所有信号采集单元的最小可测局部放电幅值不应大于 5 pC。

9. 装备试验项目及要求

1）试验环境

除环境适应性试验和在现场进行的试验外，其他试验项目应在以下试验环境中进行：

（1）环境温度：15~35 ℃（户外试验不做要求）。

（2）相对湿度：≤75%。

（3）大气压力：80~110 kPa。

2）型式试验

当出现下列情况之一时，应进行型式试验：

（1）新产品定型后、投运前。

（2）正式投产后，如设计、工艺材料、元器件有较大改变，可能影响产品性能时。

（3）产品停产 2 年以上又重新恢复生产时。

（4）出厂试验结果与型式试验有较大差异时。

（5）合同规定进行型式试验时。

（三）内置式局部放电监测技术

1. 技术原理

内置式电缆局部放电监测技术是将局部放电传感器内置到电缆接头内部，通过电容耦合方式来感应局部放电信号，解决了局部放电传感器的局部放电干扰信号大、故障定位不精确的实际问题，提高了局部放电设备的准确性和稳定性。

2. 系统主要构成

系统主要包括五部分：电缆局部放电检测主机、监测中继、放电监测装置、局部放电控制模块和局部放电采集模块。

（1）电缆局部放电检测主机。电缆局部放电检测主机是内置式电缆局部放电监测系统中负责现场局部放电信号数据采集及数据上传、监测装置的工作状态及上传、管理采集板电源的装置。该装置具有数据通信、电源管理、局部放电信号采集、无线供电、无线通信等功能，在内置式电缆局部放电监测系统中起到核心的作用。

（2）电缆局部放电监测中继。电缆局部放电监测中继是内置式电缆局部放电监测系统中负责接收内置式电缆局部放电监测装置数据采集及其状态信息的装置，并管理内置式电缆局部放电监测装置的供电。该产品具有数据通信、电源管理功能，在内置式电缆局部放电监测系统中起到承上启下的作用。

（3）内置式局部放电采集模块。负责局部放电信号采集、监测自身的工作状态并上传给内置式局部放电控制模块。该模块在内置式电缆局部放电监测系统中起到局部放电信号采集及相关数据上传的核心作用。

二、温度在线监测

通过对电缆进行温度在线监测,可实现电缆分布温度异常监测、热负荷状态监测、短时应急负荷调度支撑等功能。一般有外敷式光纤测温和内置式光纤测温两种分布式光纤测温,现在还有一种非分布式光纤测温系统的内置测温方法。下面分别介绍传统的分布式光纤测温和新型内置测温的方法及原理。

(一)分布式光纤测温系统

分布式光纤测温系统的原理是光纤的后向拉曼散射的温度关系及光纤的光时域反射原理。感温光缆采集被测设备各个位置的拉曼散射光脉冲并回传,通过在发射端接收并分析散射光中受温度调制的反斯托克斯光脉冲,实现对温度的监测。同时利用光时域反射技术,根据反斯托克斯光脉冲的回波时间,实现对感温点的定位。分布式光纤测温系统一般用于高压电缆的在线测温。

1. 测试要求

光纤测温系统的接入不应改变电缆线路的连接方式、密封性能、绝缘性能及电气完整性,不应影响现场其他设备的安全运行。

2. 测温光纤

(1)单模光纤特性应符合《通信用单模光纤》(GB/T 9771—2020)的有关规定,多模光纤应符合《通信用多模光纤》(GB/T 12357—2016)的有关规定。

(2)测温光纤的最小弯曲半径应至少满足电缆线路最小弯曲半径要求,内置式测温光纤的中心管式结构在电缆线路最小弯曲半径情况下不应出现断裂等情况。

(3)如有阻水、阻燃要求,可采用合适的阻水、阻燃材料填充,阻水、阻燃材料应不损伤光纤测温及传输特性和使用寿命。

3. 测温主机

测温主机应具有完整的光信号产生、传输及处理,以及数据采集、分析及存储,通信等单元,并应具备如下基本功能:

(1)电缆线路运行温度实时在线监测。

实时测量电缆结构层的温度及温度分布,实时显示电缆线路运行温度的最大值、最小值和平均值等。

(2)热温点的测量与定位。

对电缆线路上的热温点可实时进行温度测量及定位,可对热温点的位置变化进行连续测量与记录。

(3)数据通信。

应满足 IEC61850 通信标准,可与综合监测单元或站端监测单元进行信息数据交换;具有接收和执行远程对时、参数调阅和命令设置的功能;可采用 RS485、GPRS 等其他辅助通信方式。

(4)报警功能。

异常情况下应自动启动报警,并将报警信息(位置、温度、时间等)按 IEC61850 通信标准上传至上级综合监控平台,并可通过短信平台等途径通知相关人员。报警限值应不少于两级设置,报警事件的准确率应不低于99%。应至少具有但不限于以下报警功能:

①温度超限报警。

可分区设置超温报警值,当监测温度超过报警设定值,以及导体温度计算值超过报警设定值时启动报警。温度超限报警的最高限值为监测温度超过50 ℃。

②温升速率报警。

可分区设置温升速率报警值,规定时间内当监测温度变化超过设定值时启动报警。温升速率报警最高限值为在相邻测量周期内温度升高超过2 ℃。

③温差报警。

当电缆线路三相运行温度差值超过设定值时,或当电缆线路某段温度最高值和线路平均值的差值超过设定值时启动报警。温差报警的最高限值为温度差值超过15 ℃。

④温度异常点报警。

当电缆线路某一点的温度值与其周围5 m内的其他点的温度值的差值超过设定值时启动报警。温度异常点报警的最高限值为温度差值超过10 ℃。

⑤功能异常报警。

当光纤测温系统的通信、温度测量、温度计算等功能出现异常情况时应启动报警。

4. 监测计算软件的基本功能

1) 电缆线路导体温度计算

应能实时计算电缆线路的导体温度值及温度分布,实时显示电缆导体温度的最大值、最小值和平均值等。

2) 电缆线路动态载流量计算

应能实时计算出电缆线路的动态载流量,给出电缆线路的最大允许载流量与允许时间及电缆导体温度的对应关系。

3) 数据保存及事件识别

应完整存储电缆线路运行温度、导体温度、负荷电流、热温点温度及位置等数据,具有断电不丢失数据、数据自动定期保存及数据备份的功能,具有上传数据及异常数据单独保存功能,异常情况下应能够正确建立事件标识。

(二) 内置测温技术

1. 测试原理

内置测温技术采用无线能量传输技术和射频通信技术同步工作原理,直接测量电缆接头导体运行温度,可用于10 ~35 kV电压等级的电缆中间接头导体运行温度实时监测,对电缆动态增容和安全管理提供数据支持。

内置式电缆接头导体测温技术采用无线能量传输技术和射频通信技术同步工作原理,解决了内置式测温传感器的电能供应和信号传输的难题,实现直接测量电缆接头导体运行温度,具有测温精度高、实时性强的优点。主要包括两部分:内置测温模块和外置测温中继。外置测温中继通过电磁耦合方式将能量和信号传递到电缆接头导体部位的内置测温模块,内置测温模块获得电能的同时将温度数据以无线电磁波的方式发送至外置测温中继,实现电缆导体温度精准测量,不改变电缆接头物理结构和电气特性,具有安全免维护、安装方便等优点。

2. 测温要求

1) 监测功能

应能实现电缆接头导体温度数据采集和转发。

2) 数据记录功能

(1) 监测数据应能保存并上传。

(2) 在短期断电等情况下不发生数据丢失。

(3) 应能正确记录动态数据，装置异常时应能正确建立动态事件标识；保证记录数据的安全性；装置不应因电源中断、快速或缓慢波动及跌落丢失已记录的动态数据。

3) 自检功能

应具备自检功能，并根据要求将自诊断结果上传。

4) 通信功能

通信方式应满足以下任意一种：

(1) 数据通信应符合标准工业控制总线、以太网总线或无线网络。

(2) 宜采用《输变电状态监测主站系统数据通信协议(输电部分)》(Q/GDW 562—2010)，便于旧装置的扩展和新装置的兼容。

5) 测量误差

随机抽取一批 10 套本装置，测温误差不超过±1 ℃。

6) 过热报警功能

提供接头温度过热报警，可在软件系统中预设电缆运行报警温度，一旦发生过热情况，立即报警。预警信息将通过信息发送给相关人员，通知其及时处理。

7) 安全与可靠性要求

(1) 不应影响电缆接头的绝缘性能、密封性能及导电性能，且在本装置发生故障时应不影响电缆接头正常运行。

(2) 应能承受电缆线路发生短路时产生的冲击电流。

(3) 内置测温单元与电缆接头使用寿命应相同。

8) 结构要求

(1) 内置测温单元结构要求。

电缆附件有屏蔽罩结构时，外直径与屏蔽罩的外直径一致；电缆附件无屏蔽罩结构时，外直径与电缆主绝缘外直径一致；内置测温单元应无闭合磁路。

(2) 中继单元结构要求。

若铜壳无灌胶孔，须在铜壳上打孔，具体位置与电缆附件厂商定，并应做好妥善的防水措施。

三、介质损耗等其他绝缘参数在线监测

(一) 基本原理

随着传感器技术的发展，介质损耗、绝缘电阻等电缆主绝缘重要的电气参数能够得到有效测量，一般采用在电缆终端和接头等部位安装监测模块，采用无线能量传输技术和射

频通信技术同步工作原理,直接测量电缆主绝缘介质损耗和绝缘电阻等参数,可用于10~35 kV电压等级的电缆主绝缘劣化程度的实时监测,对电缆绝缘老化状态动态跟踪和安全管理提供数据支持。

(二)实现方式

绝缘参数在线监测系统一般具有测量精度高、实时性强的优点。主要包括两部分:监测模块和数据中继。监测模块通过电磁耦合的方式获取能量进行绝缘参数测量,数据中继通过无线传输的方式获取测量数据并将其传输至数据集中器,实现电缆绝缘参数精准测量,不改变电缆终端和接头等附件的物理结构和电气特性,具有安全免维护、安装方便等优点。

第三节　电力电缆故障在线测试

本节主要介绍电力电缆故障在线测试技术,使学员熟悉当前在线测试技术的理论和定位方式,以及常用的在线测试系统。

电力电缆作为电网输电环节的载体,其重要性和可靠性不言而喻。近年来,由于外力破坏、制作工艺粗糙以及绝缘老化等因素,电缆发生故障的概率逐年递增,故障类型呈现多样化。传统的电缆故障离线检测技术存在很多弊端,一方面需要停电后方可进行故障检测及定位,影响了服务质量;另一方面电缆的间歇性电弧故障,维持的时间非常短,在离线状态下难以有效地检测到。因此,随着计算机科学的快速发展以及人们对电缆安全运行的关注,在线检测技术得到了广大科研工作者、电力企业与供电部门的高度重视。

一、电缆的行波传播理论

早在20世纪40年代初,人们就已经将行波法应用于电缆线路的故障测距。后续发展而来的脉冲时域反射法(time domain reflectometry,TDR)、扩展频谱时域反射法(spread spectrum time delay reflectometry,SSTDR)等技术均以行波法为基础。

一般情况下,传输线路有长线和短线之分,长线是指线路本身的实际长度大于在线路内部传输的电流行波的波长。而若线路中传输的波为电压脉冲行波,此时波长为电压脉冲的脉冲宽度。若传输线路的实际长度比波长和脉宽长,此时称此传输线路为长线,否则为短线。根据长线的定义,若电缆中传输的电磁波波长远小于电缆的几何长度,可将其视为长线。

在研究电缆线路的行波理论时,通常选择分布式参数而非集中参数作为传输线路的等效模型。为进一步简化该模型,一般认为传输线路中任意点的特征参数值相等,不受其他因素影响。此时电缆可以视作一对平行的导线,电阻均匀分布于整个线路中。当电缆发生开路故障或者接地故障时,故障点两侧阻抗不相等,就会发生阻抗不匹配现象。

行波信号向前传播遇到阻抗不匹配点时,会出现部分反射或者全反射。若电缆等效阻抗值较低,会有部分行波信号透过不匹配点继续向前传播。理想情况下,当传输线路发生开路故障时,电缆终端负载阻抗值 Z_L 趋于无穷大,行波在故障点发生全反射,反射系数为 1,即反射信号与入射波幅值、极性一致。同理,当传输线路发生短路故障时,电缆终端负载阻抗值趋于零,行波在故障点发生全反射,反射系数为-1,即反射信号与入射波幅值一致、极性相反。由此可见,通过检测入射波和反射波的时间差,结合行波波速即可准确定位电缆故障点位置。

二、电缆故障在线定位技术

与国内相比,国外对在线检测技术研究起步较早,发展相对成熟,其中以发达国家为主,主要包括美国、日本及英国等。国外的研究者提出了多种电缆故障在线定位方案:

(1)在电缆末端或者线路中间进行开路设置,并在距该开路点较小范围内安装传感器。该传感器主要用于检测故障点产生和开路点发生全反射的浪涌电压或者电流信号,通过计算两段脉冲之间的时间间隔来实现故障的定位。

(2)在小波理论的基础上提出一套新的电缆故障在线检测解决思路,旨在通过小波多尺度变换将故障点信号分解到较大频率范围,以便更加清晰地观测各分解层数波形的具体细节信息,从而实现故障定位。

(3)使用实时的专家检测系统来实现故障在线检测。其基本思想是建立电缆故障知识库,定期进行更新和维护,利用计算机对样本进行学习,不断完善专家系统,实现精准测距分析。

在我国,电缆故障在线检测技术的研究也取得了不错的进展。哈尔滨理工大学的相关学者利用分布式光纤温度传感器来感受故障发生点周围的温度变化,通过研究温度变化实现故障定位。国内的其他学者也相应提出他们的主张,华中科技大学学者通过研究电缆分布式参数模型,依据功率平衡的基本原理,推导得到电缆故障的距离公式,从而实现故障测距。

目前,针对电缆间歇性故障在线检测的方法主要有噪声反射法(NDR)、载波测试法、直接序列时域反射法(sequence time delay reflectometry,STDR)及扩展频谱时域反射法(spread spectrum time delay reflectometry,SSTDR)等。

(1)噪声反射法:主要是利用电缆中正常运行的有效传输信号或者频带较宽噪声信号的时域自相关属性来完成电缆故障的在线测距。该方法的优势在于不需要向待测电缆注入额外的测试信号。正因于此,使得入射信号不可控,在实际中并不可取。

(2)载波测试法:基本原理是向待测电缆中注入经调制后的载波信号,并在接收端对故障点返回的载波进行采集和解调,恢复原基带信号。通过检测基带信号传输和反射过程中产生的误码率来实现故障定位。目前,该方法尚存在大量难点,效果并不令人满意。

(3)STDR/SSTDR 法:早期对 STDR/SSTDR 法的研究主要用于电话双绞线中阻抗不匹配点的检测。2005 年,美国犹他大学的学者首次将它们运用于飞机通信线缆的故障在线检测中,通过对有效运行电压为 110 V、频率为 400 Hz 的线缆进行试验,发现即使是在较低的信噪比情况下,STDR/SSTDR 法依然能够获得较好的定位效果。STDR 法利用伪随机序列频谱分布范围较广、均值为零以及自相关性良好的特征,将其作为电缆故障检测的入射信号。相较于 STDR 法,SSTDR 法只是使用本地余弦信号将 PN 码调制到较高频谱范围内,作为入射信号注入到待测电缆中,避免与电缆中正常运行的低频信号发生频谱混叠。

目前针对此类应用较为成熟的产品有美国 Livewire Innovation 公司 sparkchaser Ⅱ检测仪和 T3 innovation 公司的系列产品。在电力电缆的故障检测方面,施耐德电气公司(Schneider)曾将 SSTDR 法运用于 33 kV 的带电线路试验中,表现良好。

目前国内对于 SSTDR 在线检测技术的研究主要集中于高校和研究所,如兰州交通大学、西安电子科技大学、上海电缆研究所等,基本都处于理论研究和试验阶段。从研究的现状来看,还存在较多不足,目前面临和亟待解决的问题有:

(1)针对不同应用背景下的 PN 序列类型与载波调制方式和频率的选择,应进行理论的分析和仿真验证。

(2)对于故障点反射信号衰减较大或者信噪比太低导致故障定位精度不足的问题,需进一步提出改进的定位算法。

(3)目前对三相交流输电线路的故障检测研究基本还处于空白,这类问题有待科研工作者进行补充和解决。

相比于电缆故障离线定位技术,电缆故障在线定位技术起步较晚,且容易受电缆运行过程中产生的其他信号的干扰,因此提高电缆故障在线定位的精准度一直是当前研究的重点及难点。

三、电力电缆故障在线监测系统

在我国由于采用中性点不接地供电系统,在电缆出现严重故障后还要运行几十分钟,容易出现严重后果。通过电缆故障在线监测系统,可及时检测出故障点的位置并进行报警。

以 SCA-6000 型电力电缆故障在线测试系统为例,电力电缆故障在线监测系统主要包括以下几个模块:

(1)传感器。传感器主要功能是接收电缆的所有故障信息,并把接收到的信息传给信号采集器,通常安装在电缆引出接地线上。

(2)信号采集器。信号采集器由电源转换模块、8 位高速 A/D 模数转换器、串行通信控制器、单片微控制器 CPU、存储器 RAM 等组成。它的主要功能是把传感器传送过来的模拟信息进行模-数转换,转换完成后对采集信息进行存储、分析、判断,当判断是故障信息时,把此信息通过串行通信控制器发送至监测中心。

(3)监测中心。监测中心由工业控制计算机、交直流电源自动切换控制器、工业级大屏幕液晶显示屏、激光打印机、声光报警控制器等组成。它的主要功能是对接收到的信息进行再分析、判断。如果是故障信息,则发出报警信号进行声光报警,同时通过显示器显示出故障信息波形及哪一根电缆出现故障。专业人员对故障波形进行分析处理,确定出故障隐患处位置。最后对相关信息进行存储、打印及远程操作。当交流供电中断时,该系统能够自动切换到直流电源工作,并能持续工作 4 h 以上。

系统技术指标如下:

(1)测量电缆距离:$L_{gmax} \geq 30$ km,无测试盲区。

(2)故障测距误差:绝对误差为 0~15 m,相对误差为±2%。

（3）智能报警终端：16×64＝1 024 点。
（4）记录存储容量：30 000 条以上（永不丢失）。
（5）实时采样速度：100 MHz 高速 A/D 采样。
（6）系统电源：AC 220 V±10%，DC 2×12 V/38 A · h。
（7）系统工作环境：温度－10～50 ℃，湿度≤95%（40 ℃）。

第四节　电力电缆其他新技术

本节主要对电力电缆新技术进行简要介绍，使学员对新技术有所了解。

一、电缆本体制造新技术

（一）高温超导电缆

高温超导电缆（high-temperature superconducting power cable）是采用无阻的、传输电流密度高的超导材料作为导体并能传输大电流的一种电力电缆，具有体积小、质量轻、损耗低和传输容量大的优点，可以实现低损耗、高效率、大容量输电，节省通道资源，可实现网架结构优化。

目前国内已实现第二代超导带材（YBCO）制造国产化（见图 4-1），掌握 35 kV 三芯电缆及高压单芯电缆的设计方法及生产工艺，开展公里级 35 kV 高温超导电缆示范工程应用，推进全商业化运行。但是，受材料成本限制，高温超导电缆应用速度缓慢，高温超导电缆标准体系有待完善，尚需进一步探索关键技术和工艺，掌握超导电缆全寿命周期内的试验、检测、故障处理及运行状态评价技术。

图 4-1　高温超导电缆生产

（二）柔直配电电缆

柔直配电电缆输送功率约为交流电缆线路的 1.5 倍，供电半径可提升 80%；便于分布式可再生能源与多元化储能、负荷设备接入，避免了护套涡流损耗与无功损耗，供电电能损耗低，接入储能设备后可显著提高供电可靠性与故障穿越能力。

目前国内外已有中低压直流配电电缆系统建设与交流电缆线路的直流运行改造等相应工程。然而，直流配电电缆及附件的选型标准缺失；直流化改造方案、性能评价及运行方式选取有待进一步完善;直流电缆运行过程绝缘老化、劣化等问题尚不明确。图 4-2 是交流电缆与直流电缆的截面图。

(a)三芯交流电缆

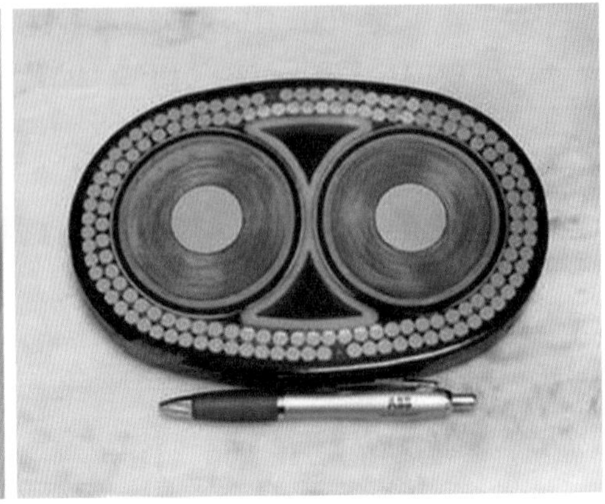

(b)直流电缆

图 4-2 电缆截面图

二、电缆附件新技术

(一)电缆模注熔接接头

电缆模注熔接接头(见图 4-3)是按照所连接电缆的原始结构,通过生产电缆的制作工艺实现电缆与电缆连接,主要体现在无须应力锥、无活动界面的熔融结构,接头处的导体、半导体、主绝缘和外半导均按照电缆的原有结构恢复。电缆模注熔接接头解决了电缆附件与电缆绝缘之间配装产生活动界面的根本问题,为电缆系统提供了一种更高的电气稳定性和安全可靠性的电缆连接技术。然而,电缆模注熔接接头的制作环境要求高、制作时间长,产品标准和选型标准缺失。

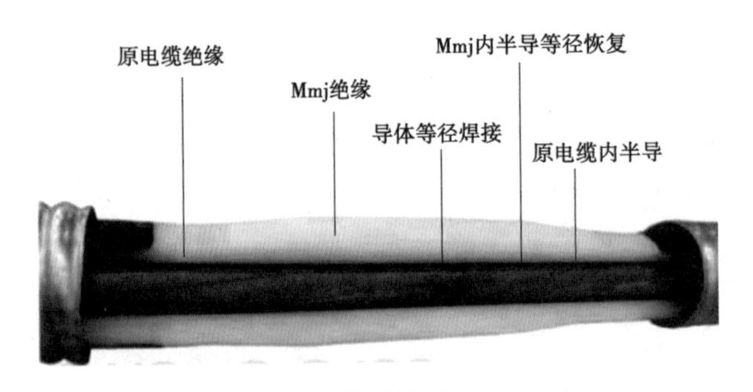

注:Mmj 是一种电力电缆连接技术(Mould melt joint)

图 4-3 电缆模注熔接接头

(二)插拔式中间接头

插拔式中间接头(见图 4-4)采用插拔式连接结构,既可以有效地均衡电缆连接处的电场,又可以内置高精度灵敏探头,在确保电气安全的前提下,实现对中间连接内部运行状态的智能在线监测、预警、故障定位。插拔式中间接头解决了电缆连接进水情况的发生,在发生短路失火时可防止火灾蔓延,实现单相防爆,避免相间短路,杜绝安全隐患。插拔式中间接头安装便捷,可有效提升电缆线路故障应急处置效率,实现快速供电恢复,可以在应急抢险中大显身手,降低电缆线路故障带来的经济损失和负面社会影响。然而,插拔式中间接头产品标准和选型标准缺失,需进一步优化健全标准体系。

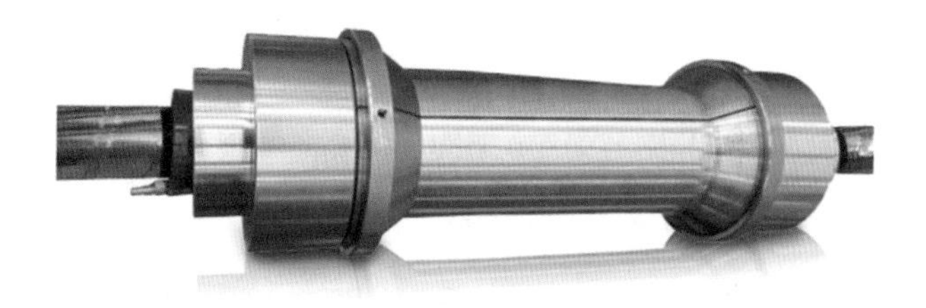

图 4-4　插拔式中间接头

三、电缆运检新技术

(一)涡流探伤技术

涡流探伤技术是利用感应涡流的电磁效应,对外加交变磁场在电缆附件铅封中感应产生的涡流信号幅度、相位角等特征量进行分析,进而评价铅封连接可靠性、完整性的一项无损检测技术,可有效识别铅封开裂、脱铅等典型缺陷。图 4-5 是作业人员正在进行涡流探伤检测。涡流探伤是一种无损检测技术,检测时无须去除铅封绕包带材,快速便捷;铅封开裂、脱铅等典型缺陷下的涡流探伤图谱特征明显,易于判断,可有效避免缺陷引发的电缆故障。然而该技术对有防水盒、防爆壳的接头铅封缺陷无法检测,缺陷检测灵敏度需进一步完善优化。

图 4-5　涡流探伤检测

(二)缺陷定位技术

图 4-6 所示为电缆缺陷。频域反射定位技术测量电缆首端输入阻抗随频率变化的曲线,并将频域阻抗谱变换为空间域函数,从阻抗谱中分离出表征电缆运行状态参数随位置变化的特征参量,获取电缆特征参数畸变点,实现局部缺陷的检出与定位。频域反射法中入射信号采用扫频信号,高频成分含量较多,因此能够探测电缆中更微弱的受潮缺陷,但是该方法反射波的波形只能定位电缆缺陷的位置,无法分析缺陷点的阻抗特征信息(如接头、高阻、低阻和受潮等)。同时该技术为离线试验技术,应用存在局限性,缺陷劣化评价判据有待进一步细化,缺陷定位算法有待进一步优化。

图 4-6　电缆缺陷

四、电缆智能化管控新技术

(一)智能电缆附件

智能电缆附件是将局部放电、温度等传感单元内置集成于电缆附件中,通过无线供能与无线数据通信单元,实现电缆附件关键状态特征量的精准检测与实时监测,实现基于一、二次融合的电缆附件运行状态的自感知,实现一次设备智能化升级。智能电缆附件采用传感融合方式实现关键状态特征的采集,有效降低现场干扰对传感精度的影响,提升检测灵敏度和缺陷定位精度。然而,内嵌式传感器与电缆设备绝缘配合可靠性方面有待形成体系化的评估方案,内嵌式传感器在使用寿命方面及维护更换便捷性方面有待进一步提升。

(二)智能巡检机器人/无人机技术

智能巡检机器人/无人机可按设定的巡检方式,对电缆进行自动巡检、记录和分析各种数据,对异常发出报警,见图 4-7。通过不间断地对电缆通道进行反复巡检,实现对电缆通道状态的连续、动态采集,弥补了在线监测系统的不足,确保及时发现和处理异常情况。智能巡检机器人/无人机能有效替代人工巡视,降低运维成本与特殊环境作业风险,提升电缆线路及通道巡检质效;通过定期巡视与差异化巡视相结合方式,实现电缆线路的连续性监护,消除巡视死角。目前,机器人状态感知手段与巡检功能较为单一,有待进一步丰富;可视化手段受限于机械架构存在一定死角;智能联动水平有待进一步提升。

(三)电缆外力破坏预警技术

电缆外力破坏预警技术可以实现对装置周围振动源实时监测,通过算法过滤振动信号,判断周围是否存在施工行为;可以实现对装置的倾斜角度实时监测,通过自身倾斜角度变化进行智能分析,判断是否存在外力破坏现象;可以实现广覆盖、低功耗的信号长距离传输,有效提高信号传输效率。电缆外力破坏预警技术可实现电缆通道保护区内典型机械作业的声域自动辨识,识别判断电缆通道环境施工作业危险源,结合电缆线路可视化管控手段,实现外力破坏的主动预警、精准定位,有效减少用户停电。图 4-8 所示为电缆防破坏实时监控系统。目前外力破坏风险源的信号提取与滤波算法需要进一步优化,监测灵敏度与定位准确度有待进一步提升,外力破坏监测传感器部署的灵活性较低,投入成本较高。

图 4-7　电缆隧道机器人

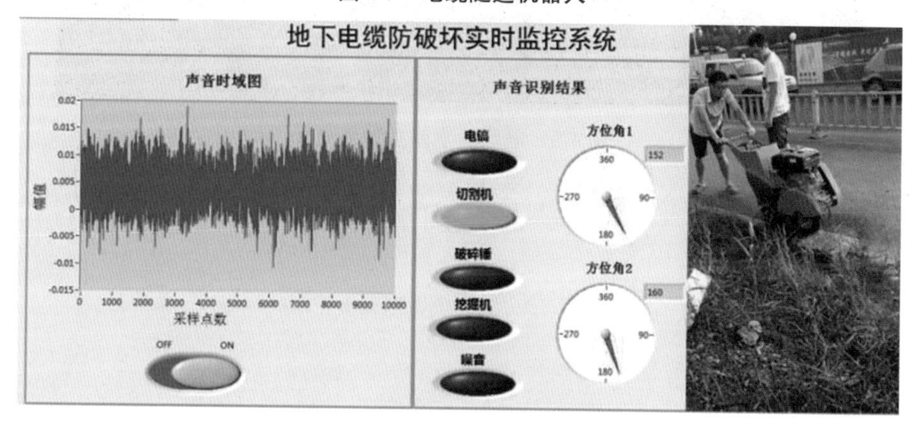

图 4-8　电缆防破坏实时监控系统

(四)电缆数字孪生技术

基于机器人、VR 设备、AI 设备、辅助设备和传感器等多种监测手段,汇聚电缆、电缆通道等数据资源构建电网数字孪生体,以人工智能为核心,利用深度学习、知识图谱等能力,结合 5G、大数据、边缘计算等技术进行智能诊断、预测性维护,实现配电电缆网全对象的精益管理、精益检测和精益管控,加强配电电缆网全状态量感知力与协作力,增强安全生产保障能力,提高运检精益管理水平。

电缆数字孪生技术在电缆上的应用是依托高速网络回传的数据进行动态持续、准确、高效的分析与预测,极大提升电缆线路运维的信息化水平,缓解了电缆运维人员的运维压力,提高了对电缆线路运行情况的收集和掌握效率,以及提高了应急抢修等突发情况的处置速度,保障了电缆线路的安全稳定运行。图 4-9 所示为电网数字孪生效果图。

随着电缆网的数字化深化建设,运维人员可能会对人工智能产生依赖,当人工智能判断错误时,忽略了人的决策优先权。同时,电缆网的数字孪生建设本身就需要铺设大量的传感器,而为了确保关键节点的传感器稳定运行,又须铺设监测这些传感器运行状态的二次监测传感器,造成监测装置的铺设和运维的成本骤增。

图 4-9　电网数字孪生效果图

参 考 文 献

[1] 黄威,夏新民,等.电力电缆头制作与故障测寻[M].3版.北京:化学工业出版社,2007.
[2] 杨德林.电力电缆岗位技能培训教材[M].北京:中国电力出版社,2007.
[3] 魏华勇,孙启伟,彭勇,等.电力电缆施工与运行技术[M].北京:中国电力出版社,2013.